现代分离纯化技术在水产品中的应用

林慧敏 主编

海洋出版社

2016年·北京

内 容 简 介

主要内容：本书依据食品科学与工程专业教学标准编写，突出食品行业特色，强调实际动手操作能力培养，强化分离技术在水产品行业中的应用。本书从介绍现代水产品工业中常用的分离技术以及水产品加工副产物分离利用现状开始，介绍了超临界流体萃取技术、现代膜分离技术、分子蒸馏技术、色谱分离技术、超声波辅助萃取技术、微胶囊技术等相关知识及其在水产品中的应用。本书还附了 6 个实验，供教师参考。

本书特色：全书由两个部分构成，理论部分和实验部分。理论部分共 7 章，每章都包括相应分离技术的基本概念、基本原理、技术特点、实用设备、在水产品行业中的应用及存在的问题和发展前景，每章通过教学目标、本章小结及思考题等环节对该部分内容进行提炼和深化，形成相对完整的教学体系。实验部分都是选取实际生产中的基础实验，具有典型性和实用价值。

读者对象：本书可供高等院校食品科学与工程专业及相近专业的学生选作教材，也可供食品科学及水产品贮藏加工等行业的科技工作者、工程技术人员学习参考。

图书在版编目(CIP)数据

现代分离纯化技术在水产品中的应用 / 林慧敏主编.—— 北京：海洋出版社，2015.12

ISBN 978-7-5027-9298-5

Ⅰ.①现… Ⅱ.①林… Ⅲ.①水产品加工－高等学校－教材 Ⅳ.①S98

中国版本图书馆 CIP 数据核字(2015)第 284528 号

责任编辑：郑跟娣   发 行 部：010-62174379 （传真）010-62132549
责任校对：肖新民   010-68038093 （邮购）010-62100077
责任印制：赵麟苏   网   址：http://www.oceanpress.com.cn
出   版：海洋出版社   承   印：北京朝阳印刷厂有限责任公司
开   本：787mm×1092mm   1/16   版   次：2016 年 6 月第 1 版
字   数：210 千字   2016 年 6 月第 1 次印刷
地   址：北京市海淀区大慧寺路 8 号   印   张：10
邮   编：100081   定   价：28.00 元

本书如有印、装质量问题可与本社发行部联系调换

浙江海洋大学特色教材编委会

前　言

水产品因其富含蛋白质、钙、维生素及其他生物活性物质，深受广大消费者的喜爱。随着人们生活水平的提高和生活节奏的加快，人们对水产品的需求量也越来越大，但在水产品加工过程中，可利用部分仅占 50%～70%，而包括头、壳、皮、鳞、内脏在内的废弃物未被合理利用，其利用途径多限于加工鱼粉饲料、生产皮革、制备宠物饲料等。但随着水产行业的不断发展和人类需求的提高，这些低附加值的产品已不能满足人们对生活更高层次的追求。另外，资源的日益短缺要求我们必须合理利用一切资源，不允许鱼贝类废弃物中的大量优质天然产物及多种生物活性成分被浪费。如果对这些废弃物进一步深加工，结合高新技术分离提取纯度较高的不同生物活性物质，开发活性成分的特异功效，并将其广泛应用于医药和食品行业，则不仅为资源浪费、环境污染等提供很好的解决方案，还能为水产行业带来高额利润。

编写背景

我国是全球最主要的水产品加工中心，随着国内市场开放的不断深入，在国际水产品消费需求不断增加的推动下，我国水产品功能组分分离新技术的开发和应用越来越广泛。为培养学生综合素质和拓宽专业视角，有效提高将来从事食品加工尤其是水产品加工的理论知识水平，以适应国际海洋事业发展的潮流趋势，并能以优质、高效和全新意识服务于食品相关行业，我们依据食品科学与工程专业相关教学标准编写了本书。

主要内容

本书共 7 章，各章主要内容简述如下。

第 1 章　现代水产品工业中的分离技术。本章讲述食品分离技术的发展进程及研究现状，重点讲授水产品分离技术的分类。

第 2 章　超临界流体萃取技术及其在水产品中的应用。本章主要介绍超临界流体萃取技术的基本概念、分类及在水产品中的应用。

第 3 章 膜分离技术及其在水产品中的应用。本章在讲述膜分离技术概念的基础上，详尽阐述反渗透、微滤、超滤、纳滤各自的特点以及膜分离技术用于水产品加工业的优越性。

第 4 章 分子蒸馏技术及其在水产品中的应用。本章主要介绍分子蒸馏技术的相关概念、原理、特点、类型与应用等相关内容。

第 5 章 色谱分离技术及其在水产品中的应用。本章主要介绍色谱分离技术的基本概念、气相色谱法原理、高效液相色谱分析法的特点、气相色谱与高效液相色谱法的主要差别、高效液相色谱分类；详细阐述色谱分离技术的主要设备及工艺流程、色谱分离技术在水产品中的应用及色谱分离技术新进展。

第 6 章 超声波辅助萃取技术及其在水产品中的应用。本章主要介绍超声波辅助萃取技术的基本概念、特点、基本原理及在水产品中的应用。

第 7 章 微胶囊技术及其在水产品中的应用。本章主要介绍微胶囊技术的基本概念和食品微胶囊化的作用及微胶囊的制备方法和特征；详细阐述微胶囊常用壁材及其在水产品中的应用。

附录部分包括 6 个实验：蛋白质的透析、离子交换色谱法分离氨基酸、超临界 CO_2 萃取鱼油、鱼类中 4 种有机磷农药残留量的测定、层析柱装填及柱效测定、鱼油的微胶囊化实验。

编写特色

本书精选水产品工业中有重要地位的现代分离技术，强化了分离技术理论基础、分离过程与分离技术设备及应用等内容讲解，知识点突出，知识面较广，反映了近十年来食品分离技术的最新进展和相关技术的前沿知识在水产品工业中的应用。本教材由理论和实验两部分构成，每章都包括相应分离技术的基本概念、基本原理、技术特点、实用设备、在水产品行业中的应用及存在的问题和发展前景，通过教学目标、每章小结及思考题等环节对该部分内容进行提炼和深化，形成相对完整的教学体系。本书收录的 6 个教学实验都是实际生产中的基础实验，具有典型性和实用价值。

教学建议

本课程建议学时为 32 学时，理论教学 16 学时，实验教学 16 学时。各章学时分配如下。

第 1 章：理论教学 2 学时。

第 2 章：理论教学 3 学时，实验 4 学时。本章讲解结束，选择附录中的实验 3 作为本章的操作实验。

第 3 章：理论教学 3 学时，实验 4 学时。本章内容讲授完毕，选择附录中的实验 5 作为本章的操作实验。

第 4 章：理论教学 2 学时。

第 5 章：理论教学 2 学时，实验 4 学时。本章内容讲授完毕，选择附录中的实验 2 作为本章的操作实验。

第 6 章：理论教学 2 学时。

第 7 章：理论教学 2 学时，实验 4 学时。本章内容讲授完毕，选择附录中的实验 6 作为本章的操作实验。

自学建议

1. 本课程实践性较强，理论内容需要相应的实验操作才能加深理解或掌握，在有限的实验条件和实验时间内，同学应该积极思考，主动发现问题，尝试解决问题。

2. 对每章节后的思考题能全面进行试做，课前能养成对下一课堂内容预读的习惯。

3. 有条件的同学可积极参与老师的科研工作，增加实验操作经验，取得更好的学习效果。

适用对象

本书可供高校食品科学与工程专业及相近专业的学生选作教材，也可供食品科学及水产品贮藏加工等行业的科技工作者、工程技术人员学习参考。

编写团队

本书由林慧敏主编，邓尚贵教授主审。第 1 章和第 3 章由浙江海洋大学林慧敏编写，第 2 章和第 7 章由浙江海洋大学张宾编写，第 4 章由浙江海洋大学梁佳编写，第 5 章由浙江海洋大学宋茹编写，第 6 章由漳州师范学院王丽霞编写。

致谢

本书的编写和出版，得到了浙江海洋大学教材出版基金的资助，也得到了浙江省水产品加工及贮藏工程重点学科和海洋出版社的大力支持，在此致以衷心的感谢！在本书编写过程中，参考和借鉴了一些同行专家、学者的相关研究文献，限于篇幅不能一一列出，在此一并致以诚挚的谢意。

由于编者的水平所限，书中难免有疏漏、不当之处，敬请同行专家、读者批评指正。

编　者
2015 年 7 月

目　　录

第1章　现代水产品工业中的分离技术

教学目标

1. 了解：现代分离技术概论、分离技术与水产食品工业的关系、水产食品分离技术的评价、其他物理场辅助分离技术。
2. 理解：水产品加工副产物分离利用的研究现状、水产品加工分离纯化的研究现状、水产品功能性组分分离技术的发展方向。
3. 掌握：水产品分离技术的分类。

　　水产品加工综合利用是渔业生产的延续，它随着水产捕捞和水产养殖的发展而发展，并逐步成为我国渔业内部的三大支柱产业之一。水产品加工副产物高值化综合开发利用，不仅可提高资源利用的附加值，降低企业的生产成本，提升我国水产品加工业的国际竞争力，而且还能带动相关行业的发展。充分利用水产品加工副产物资源，将加工副产物转化为高附加值产品，实现变废为宝零排放，是21世纪科技兴渔的重点和目前渔业生产发展中亟需解决的关键技术问题之一。本章主要介绍现代分离技术概论，分离技术与水产食品工业的关系，水产食品分离技术的评价；叙述水产品加工副产物分离利用的研究现状，水产品加工分离纯化的研究现状；最后介绍水产品功能性组分分离技术的发展方向，传统分离技术的进一步发展以及高新分离技术的集成化。为深入掌握全书知识内容起到了入门认知的作用。

1.1 现代分离技术概论

尽管新兴产业不断涌现，食品工业仍然是世界制造业中的第一大产业。食品工业对国民经济发展的贡献重大，目前，从世界发达国家经济发展情况看，法国食品工业对国民生产总值的贡献是汽车产业的 2 倍；日本的食品工业是日本主要产业之一，并且处于世界领先地位；美国的食品工业是各制造业中规模最大的行业，美国的加工食品市场占有率居世界之首。食品资源的深度开发和高效利用是维系 21 世纪经济与社会可持续发展的中心命题之一，世界各国都把农产品加工和食品工业作为关系国计民生的战略大事来抓。

随着经济的发展、人民生活水平的提高，社会对农业的需求由单纯对粮食的需求转变为对粮食、蔬菜、水果和肉、蛋、奶的多种需求，由单纯对原粮的需求转变为对精细加工食品的需求。居民的消费需求以及市场的产品结构、规模和档次等都发生了深刻变化，人们不仅要吃饱，更要吃好，吃得营养，吃得健康、安全。这种消费结构与需求的变化，必然要求食品工业的产出结构也发生相应的变化，要求食品加工制成品的多样化和精细化，要求食品生产技术不断改进和发展。

我国农产品结构性过剩问题已经存在很久，食品质量和安全问题日趋突出，产品加工体系落后，法制法规不健全，危及我国农业的可持续发展和 13 亿多人口的食物安全与保障。因此，深入研究食品资源的特性、食品原料的安全性评价、贮藏加工过程中有害因子形成与转化规律，食品检测与安全控制技术等是现代食品工程学科领域的主要任务，而现代食品分离技术能促进食品工业的发展，并在这些研究领域中起举足轻重的作用。

分离过程近年来得到了快速发展，新型分离技术不断被开发出来。分离过程的应用领域也在不断拓宽，从石油化工到生物、环境、医药工业、食品、能源等领域，分离技术都在发挥重要的作用。

自然界是一个混合物的世界，食品的原辅料也是由多种成分组成的混合物。生产中按人们的需要，对食品原辅料进行取舍、处理的过程，就是食品分离过程。食品分离技术与食品重组技术相对应，是现代食品工业的重要内容之一。食品工业需要分离技术，没有分离过程，我们不可能在市场上见到如此多样的食品。在食品工业中，从混合物中分离出一个组分或多个组分，需要经过许多单元操作过程，食品分离所涉及的内容包含从大的颗粒物质到小分子物质的所有范围，涉及有机化合物和无机化合物，涉及有生命的物质和没有生命的物质。分离的目的是排除某种特殊的组分，获得较高纯度的某组分，以便提升产品的价值。产品可能是分离过程的残留物，也可能是提取物，也可能是两者。所有的分离操作要依靠于物质中各组分的物理或化学性质的差异来进行，一些常见的有助于分离的性质是物质颗粒或分子大小、形状、密度、溶解性和电荷特征等。食品分离，通常来说，是要达到下列两个目的。

1）获得需要的产品

食品是种特殊的商品，它的使用价值就是给人们提供生长发育、维持正常的新陈代谢所必需的营养和能量，它直接关系到人类的生存与发展。食品的获得，必须要经过一定的技术处理和分离过程，原因如下：一是从大田收获的农作物，往往含有泥沙、碎石、铁屑、编织物等非食用物质，把农作物制作成食品的过程中，需要对它们进行分离。二是随着人们生活水平的提高及现代生活节奏的加快，人们生活习惯的改变、消费结构的升级要求食品生产要创造多层次、多样化的产品类型，比如饮用纯净水代替煮白开水、饮用无醇啤酒等，这些产品的开发需要现代食品分离技术。

2）食品安全性需要

在食品生产过程中，有许多不安全的因素。一是在农产品生产过程中，农药对保护农作物、防治病虫草害和提高农作物的产量发挥了巨大作用，我国是农药生产和使用大国，农药使用量居世界第一，产量居世界第二。但在农业上使用农药后残留在生物体、食品和环境中的微量农药原体、有毒代谢产物、降解物和杂质会对环境和人体产生负面作用。二是工业"三废"也会对农作物生长的土壤、水及大气造成污染，有害物质进而在农牧渔林副产品中富集，并通过食物链而进入人体，危害人体健康。三是天然食品在生长过程中次生代谢也会产生多种微量的有害成分，这些有害化学物会通过改变生物体内的生物化学过程甚至导致器官性病变而导致对机体的损伤。为了排除食品中含有的可能损害或威胁人体健康的有害物质，不产生危及消费者及其后代健康的隐患，在食品生产、加工过程中有必要采用现代分离技术，把食品中的有害组分分离出去，确保食品安全可靠。

1.2 分离技术与水产食品工业

我国是全球最主要的水产品加工中心，随着国内市场开放不断深入，在国际水产品消费需求不断增加的推动下，我国水产品功能组分分离新技术的开发和应用越来越广泛。水产品功能组分分离新技术应用趋势体现在以下几个方面。

1) 多种分离技术并用

多种分离技术并用的方式进行水产品加工,可改善水产品加工工艺,提高其市场价值。如利用超临界萃取技术对水产品中的 EPA 进行提取,再将其微胶囊化,这为水产品的开发提供了技术基础。

2) 开发营养丰富的水产品酶解液

水产品酶解液含有丰富的多糖类、氨基酸等营养物质,可以直接生产海鲜调味液,如鱼露等,也可结合膜分离技术等多种加工新技术生产出更优质的调味液。

3) 海洋药物的开发和利用

水产品中含有多种活性成分,在保持其活性的条件下,结合超高压萃取技术增加其提取率,并结合微胶囊技术将其产业化,生产出对人类有益的海洋药物,为提高人们生活水平提供新的途径。

4) 功能性添加剂、保健品的开发

分离技术使水产品和水产品下脚料利用率最大化,将其开发出高附加值的产品,并作为功能性添加剂添加到保健食品中,提高了经济效益。

5) 新型海洋水产品功能性饮料的开发

饮料已成为我们日常生活中不可缺少的重要部分,市场上饮料的品种主要为果汁、可乐等,功能性饮料尤其是海洋水产品功能型饮料的市场、推广、开发却比较少,存在很大的市场前景。

因此,水产品加工工业中高新技术的发展成为加快我国现代渔业发展的重要内容,将使我国更好地融入到经济全球化的大环境中。

1.3　水产品分离技术的评价

评价一种水产品功能组分分离技术是否优良,可从下列几个方面来考虑。

1) 回收率和产品纯度

回收率取决于当时能实现的技术水平,分离过程的回收率越高越好。产品纯度的高低依据其使用目的来确定，例如，对于饲料用、食用、医用的产品，其纯度可不相同。

2）产品质量

分离技术直接影响到产品的色、香、味、营养及感官等品质，合适的分离方法是产品质量的保证。例如，在生产茶饮料时，茶叶中多酚类物质要保留下来，而生物碱及茶蛋白要想办法除去，以保证茶饮料中不产生沉淀物。

3）产品安全性

应用分离技术从食物中分离获得的产品或者是对食品进行加工时，必须要保证符合食品卫生的要求，同时对于原有的食品原料不应造成污染，不产生有毒有害物质，并有利于原料综合利用。

4）简化生产工艺

一项好的、先进的食品分离技术应该可以简化食品的生产工艺，缩短分离过程的周期，有利于提高生产效率和减少食品原料在生产过程中变质的可能性。例如，利用亲和双水相萃取木瓜蛋白酶时，原液中大量杂质蛋白能够与其他固体物质一起被除去，与其他提取分离方法相比，双水相萃取法可省去一到两步过程。

5）降低能耗，节约场地，节省成本

能源问题是当今世界非常关注的一个问题，所有工业过程都应考虑能耗问题，低能耗的技术往往是最有前途的技术。水产品功能组分分离技术如果选择在常温下进行，过程中无相变，能较大地降低能耗，有助于节省成本。另外，由于新型分离技术简化了生产工艺，能节省生产设备和生产场地的投资，也能降低生产成本。

在具体选择一种分离技术时，应综合评价上述几点，对分离方法进行论证，做出综合性的评价。

1.4　水产品分离技术的分类

随着社会的发展和技术的进步，工业上分离技术的形式越来越多，但从本质上来说，所有的分离技术都可分为机械分离和传质分离两大类。

1.4.1 机械分离

机械分离过程的分离对象是由两相或两相以上所组成的混合物,其目的是简单地将各相加以分离,过程中间不涉及传质过程。例如:过滤、沉降、离心分离、旋风分离和静电除尘等。常见的食品物理机械分离过程如表 1-1 所示。机械分离过程中有许多操作已经成为食品工程的单元操作,具体内容可参见《食品工程原理》,本书不作过多讨论。

表 1-1　食品的物理机械分离过程

机械分离名称	分离因子	分离原理	举例
沉降	重力	密度差	水处理
离心	离心力	密度差	油精制、牛乳脱脂
旋风分离	惯性流动力	密度差	喷雾干燥
过滤	过滤介质	粒子大小	除菌、喷雾干燥/果汁澄清、颗粒分离
压榨	机械力	压力下液体流动	油脂生产

1.4.2 传质分离

食品的传质分离过程是指在分离过程中,有物质传递过程的发生。传质分离的原料,可以是均相体系,也可以是非均相体系,在多数情况下是均相体系,第二相是由于分离剂的加入而产生的。传质分离的特点是相间有质量传递现象发生,按照所依据的物理化学原理不同,传质分离又可分为两大类:平衡分离过程和速率控制分离过程。在平衡分离过程中,相平衡是个重要的概念,系统与热力学平衡状态的差距是平衡分离过程的推动力。速率控制分离过程为不可逆过程,一般发生在均相状态下并存在物流量,可用耗散函数来表达其推动力,而耗散函数是不可逆热力学与平衡热力学的联结点,所以,速率控制分离过程的基础也是平衡热力学。分离过程中导致混合物分离的推动力是各种动力学梯度,例如压力梯度、浓度梯度、温度梯度以及电位梯度等。这些动力学梯度引起物质分子传递速率产生差异,而完成物质的分离过程。

1) 平衡分离过程

平衡分离过程为借助分离媒介(如热能、溶剂、吸附剂等)使均相混合物系统变为两相系统,再以混合物中各组分在处于相平衡的两相中不等同的分配为依据而实现分离。分离媒介可以是能量媒介或物质媒介,有时也可以两种同时应用。根据两相状态不同，平衡分离过程可分为如下几类。

（1）气液传质过程：如吸收、气体的增湿和减湿等。

（2）汽液传质过程：如液体的蒸馏和精馏。

（3）液液传质过程：如萃取。

（4）液固传质过程：如结晶、浸取、吸附、离子交换、色层分离、参数泵分离等。

（5）气固传质过程：如固体干燥、吸附等。

2）速率控制分离过程

速率控制分离过程是指借助某种推动力，如浓度差、压力差、温度差、电位差等的作用，某些情况下在选择性透过膜的配合下，利用各组分扩散速度的差异而实现混合物的分离操作。这类过程的特点是所处理的物料和产品通常属于同一相态，仅仅是在组成上存在差异。速率控制分离过程可分为膜分离和场分离两大类。

（1）膜分离：膜分离是利用液体中各组分对膜的渗透速率的差别而实现组分分离的单元操作。膜可以是固态或液态，所处理的流体可以是气体或液体，过程的推动力可以是压力差、浓度差或电位差。

膜的分离机理并非一种简单的筛分，它有许多因素在起作用，例如膜材料，分子形状，溶质、溶剂分子与膜的吸引和排斥，水和溶液对膜的优先吸附，一些特殊物质的负分离等。膜分离一般指的是对溶液中不同溶质的分离，每一种溶质是由不同的分子构成的，因此，膜分离是一种分子级的分离。常用的膜分离过程有超滤、反渗透、电渗析、液膜、纳膜等分离过程。

（2）场分离：场分离是利用电磁场、重力场、温度场等物理场作为推动力，对物质进行分离的过程。

场分离包括电泳、热扩散、磁或静电分离、高压电场分离、高梯度磁力分离等。

热扩散也属场分离的一种，以温度梯度为推动力，在均匀的气体或液体混合物中出现分子量较小的分子（或离子）向热端漂移的现象，建立起浓度梯度，以达到组分分离的目的。该技术用于分离同位素、高黏度的润滑油，并预计在精细化工和药物生产中可得到应用。

传质分离过程的能量消耗，常常是构成单位产品成本的主要因素之一，因此降低传质分离过程的能耗，受到全球性普遍重视。膜分离和场分离是一类新型的分离操作，由于其具有节约能耗、不破坏物料、不污染产品和环境等突出优点，在稀溶液、生化产品及其他热敏性物料分离方面，有着广阔的应用前景。

1.4.3 其他物理场辅助分离技术

近年来，在食品分离技术领域新技术的应用越来越多，其中，在外加力场作用下，对食品原料进行有效物质的提取分离技术值得重视，例如超声波萃取技术、微波萃取技术等。

1）超声波萃取

超声波萃取是基于超声波的特殊物理性质。高于 20 kHz 声波频率的超声波在连续介质中传播时，根据惠更斯波动原理，在其传播的波阵面上将引起介质质点的运动，使介质质点运动获得巨大的加速度和动能。质点的加速度经计算一般可达重力加速度的 2 000 倍以上。由于介质质点将超声波能量作用于物质成分质点上，而使之获得巨大的加速度和动能，迅速逸出原料基体而游离于水中。其次，超声波在液体介质中传播产生特殊的"空化效应"，"空化效应"不断产生无数内部压力达到上千个大气压的微气穴，并不断"爆破"产生微观上的强大冲击波作用在原料基体上，使其中的目标成分物质被"轰击"逸出，并使得原料基体被不断剥蚀，其中不属于植物结构的目标成分不断被分离出来。超声波萃取装置可分为萃取罐和超声波信号发生器两部分。超声波萃取具有如下突出特点。

（1）无需高温，不破坏食品原料中某些具有热不稳定、易水解或氧化特性的成分，超声波能促使植物细胞破壁，提高提取率。

（2）萃取充分，萃取量是传统工艺的 2 倍以上。

（3）萃取效率高，超声波强化萃取 20~40 min 即可获得最佳提取率，萃取时间仅为水煮、醇沉方法的 1/3 或更少。

（4）具有广谱性，适用于绝大多数种类的原料提取。

（5）超声波具有一定的杀菌作用，保证萃取液不易变质。

（6）操作简单易行，设备维护、保养方便。

超声波萃取技术作为一项发展中的技术，在超声强化过程研究、超声频率跟踪技术、多频耦合超声提取技术、超声与超临界耦合技术以及相关工艺工程化研究及放大等方面还有待进一步研究。

2）微波辅助萃取

微波萃取技术是水产品有效成分提取的一项新技术。世界上微波技术应用于有机化合物萃取的第一篇文章发表于 1986 年，国外有专家发现将样品放置于普通家用微波炉里只需短短的几分钟就可萃取传统加热需要几小时甚至十几小时的目标物质。通过十几年来的努力和发展，微波萃取技术现已应用到香料、调味品、天然色素、中草药、化妆品和土壤分析等领域。

微波萃取是高频电磁波穿透萃取媒质，到达被萃取物料的内部维管束和腺胞系统，微波能迅速转化为热能使细胞内部温度快速上升，当细胞内部压力超过细胞壁承受能力，细胞破裂，细胞内有效成分自由流出，在较低的温度下溶解于萃取媒质，再通过进一步过滤和分离，便获得萃取物料。在微波辐射作用下，微波所产生的电磁场加速了被萃取部分的成分向萃取溶剂界面的扩散速率，从而使萃取速率提高数倍，同时还降低了萃取温度，最大限度地保证萃取的质量。

传统热萃取是以热传导、热辐射等方式由外向里进行，而微波萃取是微波瞬间穿透物料，通过偶极子旋转、摩擦里外同时加热进行萃取。与传统热萃取相比，微波萃取的主要优点是：①质量高，可有效地保护食品、药品以及其他化工物料中的功能成分；②纯度高，萃取率高；③对萃取物具有高选择性，速度快，省时，可节省50%~90%的时间；④溶剂用量少，污染少，属于绿色工程；⑤低耗能；⑥生产设备较简单，节省投资。

用于微波萃取的设备大致分两类：一类为微波萃取罐，另一类为连续微波萃取线。两者的主要区别一个是分批处理物料，类似多功能提取罐，另一个是连续工作的萃取设备，具体参数一般由生产厂家根据用户要求设计，使用的微波频率有2 450 MHz和915 MHz两种。

3）超声-微波协同萃取

在样品制备过程中，微波能和超声波振动能在萃取方面已得到了极为广泛的应用。在美国环保局等制定的一些标准方法中，这两种技术已成为样品前处理的重要手段。然而，现有微波和超声波处理技术也存在着一些不足之处。

对超声波萃取而言，目前实验室广泛使用的超声波萃取仪是将超声波换能器产生的超声波通过介质（通常是水）传递并作用于样品，这是一种间接的作用方式，声振效率较低，必须通过增加超声波发生器功率（>300 W）来提高萃取效率。然而，较大超声波功率会发出令人感觉不适的噪声。

对于微波辅助萃取而言，同样也存在一些不足之处。

当样品处理在密闭式萃取罐中进行时，高温高压条件对制作样品罐材料（如聚四氟乙烯）的强度、耐热性、耐腐蚀性及其密封性的要求很高，而且还需要高强度的聚砜外罐保护。溶剂易于外泄，难于清洗（聚四氟乙烯的孔隙会产生记忆效应），提取效率受溶剂特性（如极性）的影响较大，样品处理量小，分析成本高（高压罐的老化及损坏）。此外，高温高压条件可能造成样品中某些有机组分结构的改变或破坏，而且在取出提取液之前还需要较长的冷却降压时间，这在一定程度上间接地抵消了其提取速度快、效率高的优点。

当微波提取在低温常压条件下的开放式萃取釜中进行时，尽管可从一定程度上克服高压密闭式微波提取的不足，样品用量也可大大增加，但受到微波穿透能力的限制，使样品萃取不均匀，萃取效率下降，萃取时间增加。目前，尽管有报道将开放式微波处理技术与机械搅拌相结合的方法，试图克服常规开放式微波处理之不足，但效率仍较低且不易操作。

超声-微波协同萃取技术采用微波功率和辐照时间连续可调，超声振动、微波加热方式和程度可任意组合和设定的方法，以取得最大的协同效率。根据不同样品的处理目的和方式，选择不同的溶剂或溶剂组合，优化样品或有机组分的萃取条件，取得萃取最优效果。超声-微波协同萃取克服了超声波萃取和微波萃取方法之不足，保留了超声波萃取或微波萃取方法的优点，如振动匀化使样品介质内各点受到的作用一致、可供选择的萃取溶剂种类多、目标萃取物范围广泛、降低目标物与样品基体的结合力、加速目标物从固相进入溶剂相的过程、处理样品量大等优点。

1.4.4　传质设备

应用于平衡分离过程的设备，其功能是提供两相密切接触的条件，进行相际传质，从而达到组分分离的目的。性能优良的传质设备一般应满足以下要求：①单位体积中，两相的接触面积应尽可能大，两相分布均匀，避免或抑制短路及返混；②流体的通量大，单位设备体积的处理量大；③流动阻力小，运转时动力消耗低；④操作弹性大，对物料的适应性强；⑤结构简单，造价低廉，操作调节方便，运行可靠安全。

传质设备种类繁多，而且不断有新型设备问世，可按照不同方法进行分类。

（1）按所处理物系的相态可分为：气（汽）液传质设备（用于蒸馏及吸收等）、液液传质设备（用于萃取等）、气固传质设备（用于干燥、吸附）、液固传质设备（用于吸附、浸取、离子交换等）。

（2）按两相的接触方式可分为：分级接触设备（如各种板式塔、多级流化床吸附等）和微分接触设备（如填料塔、膜式塔、喷淋塔、移动床吸附柱等）。在分级接触设备中，两相组成呈阶梯式变化；而在微分接触设备中，两相组成沿设备高度连续变化。

此外，对于气固和液固传质设备，还可按固体的运动状态分为固定床、移动床、流化床和搅拌槽等。其中流化床传质设备采用流态化技术,将固体颗粒悬浮在流体中,使两相均匀接触,以实现强化传质的目的。传质设备在石油、化工、轻工、冶金、食品、医药、环保等工业部门的整个生产设备中占很大比例。因此,合理选择设备、完善设备设计、优化设备操作、对于节省投资、减少能耗、降低成本、提高经济效益有着十分重要的意义。

1.5 水产品加工副产物分离利用的研究现状

我国各种水产品年产量达 4 896 万 t(2008),人均 37.0 kg,居世界首位。随着鱼类加工业的迅速发展,各种鱼类加工副产品(如鱼头、鱼皮、鱼骨、鱼鳞、鱼鳍、鱼鳔和内脏等,这些副产物占鱼体总重的 40%~60%)资源的综合利用问题也显得日益突出。此外,鱼类副产物的共同特点之一是水分含量很高,极易腐败变质,一般需要在短期内及时加工。所以,充分利用这些副产物,可提高鱼类资源的加工利用率,也避免了因这些副产品随意抛弃而对自然环境所产生的压力。

食品加工副产品的综合利用是现代食品加工的一个突出特点,其主要目的是提高天然资源综合利用率,减少浪费和环境污染,水产加工副产物资源的综合利用也是其中之一。目前,对低值海产品及海(水)产加工副产品的分离利用方式有多种,如利用鱼加工副产品制备二十碳五烯酸(EPA)和二十二碳六烯酸(DHA)含量高的鱼油,进一步加工成为功能保健品;利用鱼皮、鱼鳞、鱼骨等副产品提取胶原蛋白;也可将低值鱼经酶解加工成优质调味料。

1.5.1 水产品加工综合利用的意义

水产品加工综合利用是渔业生产的延续,它随着水产捕捞和水产养殖的发展而发展,并逐步成为我国渔业内部的三大支柱产业之一。水产品加工综合利用的发展对促进捕捞和水产养殖的发展具有重要意义。水产品加工综合利用的发展,不仅提高了资源利用的附加值,而且还安置了渔区大量的剩余劳动力,并且带动了加工机械、包装材料和调味品等相关行业的发展,具有明显的经济效益和社会效益。

水产品加工副产物中除含有大量的蛋白质、脂肪外,还含有丰富的矿物质和其他生物活性成分。如果不充分利用这些加工副产物,不仅会造成资源浪费,而且会带来环境污染。深度开发利用水产品加工副产物,对于水产品加工综合利用和保护环境有重要意义,而且也能支持和促进水产捕捞和养殖生产的发展。水产品加工副产物高值化综合开发利用,不仅可提高资源利用的附加值,降低企业的生产成本,提升我国水产品加工业的国际竞争力，而且还能带动相关行业的发展。充分利用水产品加工副产物资源，将加工副产物转化为高附加值产品，实现变废为宝零排放，是 21 世纪科技兴渔的重点和目前渔业生产发展中急需解决的关键技术问题之一。

1.5.2 水产品加工分离纯化的研究现状

对于水产品加工副产物及低值鱼贝类的综合利用，最初研究主要集中在鱼粉、鱼油（包括鱼肝油）、鱼蛋白等方面。之后研究主要集中在水解蛋白、胶原、明胶、内脏酶制剂、矿物元素提取、皮革、软骨素及生物活性肽等方面。近年来，利用生物化学和酶化学技术从低值水产品和加工副产物中研制出一大批综合利用产品，如水解鱼蛋白、蛋白胨、甲壳素、水产调味品、鱼油制品、水解珍珠液、紫菜琼胶、河豚毒素、海藻化工品、海洋生物保健品和海洋药物等。

1）提取鱼油

鱼头和鱼皮是鱼类加工过程中的主要副产物，其中含有丰富的油脂和蛋白质资源。一般鱼头和鱼皮中均含有丰富的油脂，分析结果表明，鱼油的多不饱和脂肪酸含量丰富，尤其是 EPA 和 DHA 在改善记忆、睡眠和减少心脑血管疾病发生风险方面发挥着显著的作用。正因如此，鱼油制品成为近年来保健品中的新宠。

2）提取胶原蛋白（明胶）

胶原蛋白是一种细胞外蛋白质，它是由 3 条肽链拧成螺旋形的纤维状蛋白质，胶原蛋白是人体内含量最丰富的蛋白质，占全身总蛋白质的 30%以上。胶原蛋白富含人体需要的甘氨酸、脯氨酸、羟脯氨酸等氨基酸。胶原蛋白是细胞外基质中最重要的组成部分。而明胶是采用动物皮骨熬制所得的胶原蛋白的水解物，具有显著的增稠和胶凝作用，且无色、无味、透明，作为一种食品添加剂广泛应用于食品工业。鱼头、鱼骨、鱼鳞和鱼皮中含有丰富的胶原蛋白，是提取明胶的丰富资源。一般食品和工业用明胶来自猪、牛等动物的皮，但是随着各种动物传染病的蔓延，人们对其明胶产品的安全性产生担忧。相比之下，鱼类明胶的安全性更高。鱼鳞中也含有丰富的胶原蛋白，此外，鱼鳞具有抗癌、抗衰老、降低血清总胆固醇和甘油三酸酯的功能，可以替代来源稀少的龟胶，有效率在 95%以上。曾名勇等在以鲈鱼、鲫鱼和鳙鱼鱼皮为原料提取明胶时，酶解条件为采用碱性蛋白酶，pH 9.0，酶解温度 50℃，鱼头∶水（g/mL）=1∶1，加酶量 680 U/g，振荡频率 152 r/min；优化的浸酸除盐条件为浸酸温度 20℃，浸酸用浓度 0.4 mol/L，骨粉∶盐酸（g/mL）=1∶5，搅拌速度 130 次/min，浸酸 1.5 h/次，共浸 5 次，明胶最高得率 17.40%。提取鱼头、鱼骨中明胶的一般工艺为：鱼头—切碎—酶解—风干粉碎—浸酸—洗涤除酸—浸灰—洗涤除碱—提胶—过滤—干燥—成品。所得明胶强度和黏度均比猪皮明胶高，分子结构和分子量与猪皮明胶相近。

3) 提取鱼蛋白酶解液

利用中性蛋白酶、碱性蛋白酶对脱脂后的鱼副产品中的蛋白质进行水解提取，是该领域研究的热点之一。研究结果显示，不同来源的鱼副产品、不同的酶制剂、不同的水解条件，所得鱼蛋白水解液的组分均存在差异。所采用的酶制剂主要有：中性蛋白酶、木瓜蛋白酶、复合风味酶、枯草杆菌中性蛋白酶、碱性蛋白酶、复合蛋白酶等。

采用复合酶水解的产品优于单一酶，一般工艺为：温度 50℃，pH 7.0，加酶量为中性蛋白酶和木瓜蛋白酶 60 ~ 40 U/g，水解时间 4.5 h，料液比（1 : 1.1 ~ 1 : 1.5），水解鱼蛋白中粗蛋白含量达 87.63%，蛋白质收率为 37.1%。

4) 鱼类加工副产物的综合利用

鱼类加工过程中会产生大量的副产物包括鱼头、鱼皮、鱼鳞、鱼鳍、鱼骨及其残留鱼肉，其重量占原料鱼的 40% ~ 55%。这些副产物中含有大量优质的蛋白质，还含有多种生物活性物质。鱼类加工副产物综合利用的主要途径有：加工饲料鱼粉；将鱼头、鱼骨加工成鱼骨糊、鱼骨粉、鱼香酥；从鱼内脏中提取鱼油，提取 EPA、DHA 制品；从鱼鳞中提取鱼鳞胶；鱼皮制革；将鱼鳔加工成鱼肚；生产鱼蛋白粉和鱼露；提取生物活性物质和酶类（如硫酸软骨素、抗高血压成分）。

5) 对虾加工副产物的综合利用

我国是全球最大的对虾生产国，对虾产量约占世界养殖总产量的 37%，出口产品主要是以去头对虾和虾仁为主。虾类加工过程中产生的副产物包括虾头和虾壳，占虾体的 30% ~ 40%。对虾加工副产物的综合利用途径主要有：利用酶解、过滤和降压分馏技术生产虾油、虾调味品和虾味素；利用化学处理和超临界提取制备虾青素和甲壳素。

6) 贝类加工副产物的综合利用

我国也是世界贝类生产大国和出口大国，养殖产量占世界养殖总产量的 60% 以上，出口量占世界出口总量的 40% 以上。我国主要养殖贝类有 50 多种，产量 $1 200 \times 10^4$ t 左右，约占我国渔业养殖总产量的 26%。贝类加工中产生的副产物包括贝壳、中肠腺软体部和裙边肉等，占总重量的 25% 以上。贝类加工副产物的综合利用途径主要有：裙边肉或中肠腺软体部富含氨基酸和牛磺酸，利用生物酶技术、喷雾技术和美拉德反应增香技术生产氨基酸、牛磺酸和调味品；贝壳通过物理和化学方法处理可制取活性钙、土壤改良剂和废水除磷材料。

7）鱿鱼加工副产物的综合利用

鱿鱼在加工处理过程中有 20%～25%的鱿鱼眼、表皮、软骨及内脏等副产物产生，但它们的高值化应用却未得到应有的重视，这类副产物大都用来加工鱼粉，还有部分甚至被当作废物随意丢弃或掩埋，造成环境污染。鱿鱼加工副产物的综合利用途径主要有：鱿鱼内脏含有 20%～30%的粗脂肪，其中不饱和脂肪酸含量为 86%，ω-3 系列脂肪酸含量为 37%（其中 EPA 占 12%，DHA 占 24%），因此鱿鱼内脏是生产鱼油的良好原料；鱿鱼软骨占鱿鱼体重的 2%左右，其主要成分是硫酸软骨素和蛋白质，因此，鱿鱼软骨是制取硫酸软骨素的重要原料；鱿鱼的眼睛约占鱿鱼体重的 2%，是生产透明质酸的优质来源；鱿鱼皮占鱿鱼体重 10%左右，含有大量的胶原蛋白，鱿鱼皮胶原蛋白多项性能优于其他来源的胶原蛋白，是胶原蛋白的重要来源；鱿鱼墨汁具有抗氧化抗菌和治疗溃疡等功能，是很好的药用原料。

8）海藻加工副产物的综合利用

海藻加工副产物中主要含有海藻渣和废弃液。海藻加工副产物的综合利用途径主要有：利用海藻渣生产肥料、海藻动物饲料、作为造纸原料和海藻膳食纤维；从海藻废弃液中回收海藻糖和海藻寡糖。

1.6　水产品功能性组分分离技术的发展方向

1.6.1　传统分离技术的进一步发展

随着科技的进步、人们生活水平的提高，对分离技术的期望也越来越高，社会的发展与需求为传统分离技术的发展和更新提供可能途径和应用天地，促使其从实践到理论，再从理论到实践，不断地提高和完善。精馏、吸附、结晶、溶剂萃取、过滤、干燥等将向进一步完善方向发展。如精馏，应研究改善大直径填料精馏塔的气液均布问题，反应精馏的进一步开发。结晶方面，将重点开发沉淀技术，将传统的沉淀技术与界面现象结合，前沿课题如在纳米级均匀颗粒或薄膜制备中采用的均匀沉淀技术；生产有色金属超细材料的反萃沉淀技术；具有快速、节能、专一特点，在湿法冶金和生物分离方面有广阔前景的乳化液膜沉淀技术；将喷雾干燥与沉淀结合的喷雾沉淀技术等。吸附方面，模拟移动床不仅在化工而且在制糖以及医疗中具有独特作用；变压吸附在冶金、材料、医疗、环保以及食品保鲜方面前景广阔；层析应用于纯化度要求高的分离过程、如生物活体的提取、天然动植物中有效成分的提取；扩张床将固液分离，吸附分离和浓缩集成，简化了工艺，提高了产品的回收率，将成为生化分离的关键技术，现已用于基因工程人工血清蛋白的制取。干燥方面，干燥理论及过程模型化的研究始终落后于干燥设备及其工业应用，因此这方面的研究尤其是干燥过程中的传热问题是其前沿课题，如出结果将是十分诱人的。干燥过程的节能也始终是具有重大意义的课题，此外，食品和生物物料干燥技术、可大幅度提高纸和织物干燥强度的冲击穿透干燥技术、可使干燥过程在瞬间完成的对撞流干燥技术、真空冷冻干燥技术、各种特殊干燥技术（如超临界干燥技术）等，都将是干燥技术的研究发展方向。

1.6.2 高新分离技术的集成化

分离过程的集成化可实现物料与能量消耗的最小化、工艺过程效率的最大化，或者达到清洁生产的目的，或者实现混合物的最优分离和获得最佳的产物浓度。分离过程的集成化可通过多级或组合分离过程来实现。多级分离过程是用一种分离技术进行多级分离的操作，组合分离过程是采用不同种类的分离技术进行多级分离的操作。从实践和理论上知道，不同种类的分离技术在分离能力、分离不完全性、能耗、适应性等方面各有优缺点。对于某一生产中的分离任务，有时可用一种分离方法就能完成。但是，在绝大多数情况下，要用到两种或两种以上的分离方法。虽然有时用一种方法也能达到分离的质量要求，但投资、运行等费用会很高。如果将几种分离方法有机地组合起来，取长补短，可以组成一个最佳的分离过程，既能达到分离的质量要求，又能使费用降低到最低程度。这实际上是一个优化组合问题，亦即所谓工程问题。分离过程耦合化技术不仅会加强和改善溶液分离手段，而且对天然物质中高价值的有效物质提取和分离过程的改进也会有明显的指导意义和借鉴作用，因此，应该说，溶液分离过程耦合化具有明显的现实作用，潜在的发展前景是十分美好的。

1.6.3 注重环境保护

环境保护现已成为世界各国及全人类关注的问题，对环境监测的力度和对环境保护的投入在不断提高，分离工程也将在其中扮演重要角色。传统分离技术应用于环保的有：吸收用于工业废气脱硫；沉淀用于除去废渣、吸附分离有害气体、过滤废液或废渣、蒸发回收有用物质；离子交换用于回收贵重金属及处理放射性废水；萃取用于脱除废水中的酚及其他有害杂质。分离技术液膜分离用于废水中重金属离子的富集等.

进一步开发将集中在对排放废物的中和利用上，如纸厂废碱回收的中和利用、废电池的回收及中和利用等。

本章小结

1. 食品的原辅料是多种成分组成的混合物，生产中按人们的需要，对食品原辅料进行取舍，进行这种处理的过程，就是食品分离过程。

2. 水产品功能组分分离新技术主要是为了开发和利用海洋生物，开发新型海洋水产品功能食品，开发功能性添加剂、保健品等。

3. 水产品分离技术的重要评价指标：回收率和产品纯度、产品质量、产品安全性、简化生产工艺、降低能耗和节省场地、节约成本。

4. 我国对于水产品行业的分离技术，最初研究主要集中在副产物的鱼粉、鱼油（包括鱼肝油）、鱼蛋白分离等方面。之后研究主要集中在水解蛋白、胶原、明胶、软骨素及生物活性肽等方面。近年来，利用新型分离技术从水产品中研制出新产品，如水解鱼蛋白、甲壳素、水产调味品、鱼油制品、水解珍珠液、紫菜琼胶、河豚毒素、海藻化工品、海洋生物保健品和海洋药物等。

5. 高新分离技术的集成化是水产品功能组分分离的发展方向。几种分离方法有机地组合起来，取长补短，组成最佳的分离过程，既能达到分离的质量要求，又能使费用降低到最低程度。分离过程耦合化技术不仅会加强和改善分离手段，而且对水产品天然物质中高价值的有效物质提取和分离过程的改进也会有明显的指导意义和借鉴作用。

思考题

1. 简要分析分离技术与水产食品工业的关系。

2. 什么是传质分离？有什么特点？又可分为哪两大类？

3. 水产品分离技术的重要评价指标有哪些？各有何意义？

4. 水产品加工分离纯化的研究现状如何，请简要分析。

第2章　超临界流体萃取技术及其在水产品中的应用

教学目标

1. 了解：超临界流体萃取技术的基本概念；超临界流体的种类；超临界流体萃取剂分为非极性和极性两类，它们的适用范围。

2. 理解：超临界 CO_2 流体萃取技术的优点；超临界流体萃取技术的基本原理；超临界流体萃取技术主要设备；超临界流体萃取技术在水产品中的应用；超临界流体萃取技术的优点及存在的问题；超临界流体萃取技术新进展。

3. 掌握：影响超临界 CO_2 流体萃取的因素；夹带剂对超临界 CO_2 流体萃取效能的影响；夹带剂分子结构的影响；夹带剂物性的影响；超临界流体萃取技术工艺流程。

　　超临界流体萃取（supercritical fluid extraction，SFE）是利用超临界条件下的流体作为萃取剂，从流体或固体中萃取出特定成分，以达到某种分离目的的一种化工新技术。超临界流体萃取技术在海洋水产领域的应用正日益受到重视，从理论和应用上均已证明有着越来越广泛的前景。本章主要介绍超临界流体的性质、超临界流体萃取法的分类；叙述超临界流体萃取技术基本工艺流程以及超临界流体萃取工艺在水产品工业领域中的应用，并阐述超临界流体萃取工艺中存在的不足，同时对今后的发展方向进行了展望。

2.1　超临界流体萃取技术的基本概念

超临界流体（super critical fluid，简称 SF 或 SCF）是指超临界温度和临界压力状态下的高密度流体，它具有气体和液体的双重性质，具有一般液体溶剂所没有的明显优点，如黏度小、扩散系数大、密度大、溶解特性和传质特性良好、在临界点附近对温度和压力特别敏感。自 1869 年安德鲁斯发现临界点至今已有近 150 年历史，但世界各国对于超临界流体的广泛研究只是近 30 年的事。而利用超临界流体对物质进行溶解和分离的过程则为超临界流体萃取，该项技术被称为超临界流体萃取技术。正是由于超临界流体具有这些独特的物理化学性质，这种新型的物质分离提纯技术在医药、食品、化妆品及香料工业、环保、化学工业、材料制备等一系列领域中具有广泛应用前景，超临界流体技术越来越受到人们的重视。

2.1.1　超临界流体的基本概念

超临界流体萃取（supercritical fluid extraction，SFE）是利用超临界条件下的流体作为萃取剂，从流体或固体中萃取出特定成分，以达到某种分离目的的一种化工新技术。在超临界流体萃取过程中，作为萃取剂的气体必须处于高压或高密度下，以具有足够大的萃取能力。超临界流体萃取实际上是介于精馏和液体萃取之间的一种分离过程，在大气压附近精馏时，把常压下的气相当作萃取剂；当压力增加时，气相的密度也随之增加，当气相变成冷凝液体时，分离过程即成为液液萃取。在这个物理条件连续变化的过程中，超临界流体萃取结合了蒸馏和萃取过程的特点。

物质有 3 种状态：气态、液态和固态。当物质所处的温度、压力发生变化时，这 3 种状态就会相互转化。但是，事实上除了上述 3 种常见的状态外，物质还有另外一些状态，如等离子状态、超临界状态等。当稳定的纯物质达到超临界状态时，都有固定的临界点：临界温度、临界压力。当物质的温度和压力处于它的临界温度和临界压力以上的状态时，成为既非气体也非液体的流体，称为超临界流体。

2.1.2　超临界流体的种类

超临界流体萃取剂分为非极性和极性两类，它们适用的范围也有区别。超临界萃取剂中，非选择性的 CO_2 是最广泛使用的萃取剂，迄今为止，约 90%以上的超临界萃取应用研究均使用 CO_2 作为萃取剂。

纯物质在临界状态下有其固有的临界温度和临界压力，当温度大于临界温度且压力大于临界压力时，便处于超临界状态，SCF 就是指处于超过物质本身的临界温度和临界压力状态时的流体。SCF 兼具液体和气体的优点，密度接近液体，黏度只是气体的几倍，远小于液体扩散系数，比液体大 100 倍左右，因而更有利于传质。此外，SCF 具有非常低的表面张力，较易透过微孔介质材料。SCF 具有选择性溶解物质的能力，而且这种能力随超临界条件（温度、压力）而变化，因此，在超临界状态下，SCF 可从混合物中有选择性地溶解其中的某些组分，然后通过减压升温或吸附将其分离析出，这种化工分离手段称为 SFE 技术。由于 SCF 的传质性能好，因此 SFE 与通常的液体萃取相比达到平衡的时间短，分离效率高，产品质量好。用一般的蒸馏方法分离含热敏性成分时，容易引起热敏性成分热的分解或聚合，而采用 SFE 技术，通过选择合适的溶剂便可在较低的温度下操作，适合于分离含热敏性成分的原料，这对于食品工业具有十分重要的意义。传统溶剂萃取工艺必须回收溶剂，消耗大量热能，而 SCF 与萃取物分离后，只要重新压缩就可循环利用，能耗大大降低。在食品工业中，要求分离出的产品纯度高、不含有毒有害物质，而一般的蒸馏和萃取技术往往不能满足这些要求，SFE 则可实现产品中无溶剂残留。

目前用于天然产物的 SFE 技术主要基于固定床，其基本的工艺流程为：原料经除杂粉碎等一系列预处理后装入萃取器中，系统充入 SCF 并加压，物料在 SCF 作用下，可溶成分进入 SCF 相，流出萃取器的 SCF 相经减压调温或吸附作用，可选择性地从 SCF 相分离出萃取物的各组分，SCF 再经调温和压缩回到萃取器循环使用。目前应用最多的是超临界 CO_2 流体萃取，用于亲脂性且相对分子质量较小的药物的萃取，而对于极性大、相对分子质量大的天然产物，则需加夹带剂或较高的压力。

2.1.3 超临界 CO_2 流体萃取技术的优点

超临界 CO_2 流体萃取与化学法萃取相比，有以下突出的优点。

（1）分离过程有可能在接近室温（35～40℃）下完成，特别适用于热敏性天然产物，在萃取物中保持着天然产物的全部成分，而且能把高沸点、低挥发度、易热解的物质在其沸点温度以下萃取出来。

（2）使用 SFE 是最干净的提取方法，由于全过程不用有机溶剂，因此萃取物绝无残留溶媒，同时也防止了提取过程对人体的毒害和对环境的污染，是 100% 的纯天然。

（3）萃取和分离合二为一，当饱含溶解物的超临界 CO_2 流经分离器时，由于压力下降使得 CO_2 与萃取物迅速成为两相（气液分离）而立即分开，不仅萃取效率高，而且能耗较少，节约成本。

（4）CO_2 是一种不活泼的气体，萃取过程不发生化学反应，且属于不燃性气体，无味、无臭、无毒，故安全性好。

（5）CO_2价格便宜，纯度高，容易取得，且在生产过程中循环使用，从而降低成本。

（6）压力和温度都可以成为调节萃取过程的参数。通过改变温度或压力达到萃取目的。压力固定，改变温度可将物质分离；反之，温度固定，降低压力使萃取物分离。因此工艺简单、易掌握，而且萃取速度快。

（7）检测、分离分析方便，能与 GC、IR、MS、GC/MS 等现代分析手段结合起来，能高效、快速地进行产品组分分析。

2.2 超临界流体萃取技术的基本原理

2.2.1 超临界流体萃取技术基本过程

超临界流体萃取技术作为分离方法的依据是超临界流体对溶质的溶解度随操作条件的改变而改变。利用这一性质，可在较高压力下使溶质溶解于超临界流体中，然后使压力降低或温度升高。这时溶解于超临界流体中的溶质就会由于超临界流体的密度下降、溶解度降低而析出，从而得到分离（图 2-1）。

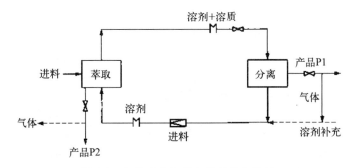

图 2-1 超临界流体萃取技术基本过程

2.2.2 影响超临界 CO_2 流体萃取的因素

超临界 CO_2 萃取过程受很多因素的影响，包括被萃取物质的性质和超临界 CO_2 所处的状态等。在实际萃取过程中，被萃取物多种多样，其性质千差万别，不同的物质在萃取过程中都有不同的表现，而萃取系统中 CO_2 所处的状态对萃取过程也有很大的影响。这些影响因素（如 CO_2 的温度、压力、夹带剂等）交织在一起使萃取过程变得较为复杂。

1）压力的影响

压力是超临界 CO_2 流体萃取过程最重要的参数之一。萃取温度一定时，不同化合物在超临界 CO_2 流体压力下的溶解度表明，尽管不同化合物在超临界 CO_2 流体中的溶解度存在着差异，但随着超临界 CO_2 流体压力的增加，化合物在其中的溶解度一般都呈现急剧上升的趋势。特别是在超临界 CO_2 流体的临界压力（7.0 ~ 10.0 MPa）附近，各化合物在超临界 CO_2 流体溶解度参数的增加值可达到两个数量级以上。

Stahl 等指出，当超临界 CO_2 流体压力在 80 ~ 200 MPa 之间时，压缩流体中溶解物质的浓度与超临界 CO_2 流体的密度成比例关系。至于超临界 CO_2 流体的密度则取决于压力和温度。

2）温度的影响

萃取温度是超临界 CO_2 萃取过程的另一个重要因素，而且与压力相比，温度对萃取的影响要复杂得多。温度对物质在超临界 CO_2 流体中的溶解度有两方面的影响：一个是温度对超临界 CO_2 流体密度的影响，随着温度的升高，超临界 CO_2 流体的密度降低，导致其溶剂化效应下降，使物质在其中的溶解度下降；另一个是温度对物质蒸气压的影响，随着温度升高，物质的蒸气压增大，使物质在超临界 CO_2 流体中的溶解度增大。通过实验，人们发现温度对溶解度的影响还与压力有密切关系；在压力相对较低时（45 ~ 28 MPa 以下），温度升高，溶解度降低；而在压力相对较高时（45 ~ 28 MPa 以上），温度升高，超临界 CO_2 流体溶解能力提高。

2.2.3　夹带剂对超临界 CO_2 流体萃取效能的影响

CO_2 的分子结构决定了它对分离过程存在局限性：对于烃类和弱极性的脂溶性物质的溶解能力较好，对于强极性的化合物则需加大萃取压力或使用夹带剂才能实现分离。一般超临界 CO_2 萃取压力比较高，对设备的要求高，提取能力小，而且能耗较大；采用夹带剂可强化超临界 CO_2 萃取过程的选择性、溶解能力和提取效率。

夹带剂也称为携带剂，是在超临界流体溶剂中加入与被萃取物亲和力强的组分，可以与流体溶剂混溶的、挥发性介于被萃取物质与超临界组分之间，以提高其对萃取组分的选择性和溶解度为主要目的的一类物质，这类物质可以是某一种纯物质，也可以是两种或多种物质的混合物。

Johnston 和 Shah（2004）向超临界 CO_2 萃取中添加摩尔分数为 0.02 的 CH_3OH，对苯二酚的溶解度可提高 10 倍，而添加摩尔分数为 0.02 的 TBP（ trin-butylphos-phate）

可使对苯二酚的溶解度提高 250 倍。可见夹带剂对超临界萃取效果有极大的强化作用。夹带剂作用的原理是夹带剂可从两方面影响溶质在超临界流体中的溶解度和选择性，即溶剂流体的密度和溶质与夹带剂分子间的相互作用。通常夹带剂在使用中用量较少，对溶剂流体的密度影响不大，甚至还会降低超临界流体的密度。而影响溶解度和选择性的决定因素就是夹带剂与溶质分子间的范德华力或夹带剂与溶质有特定的分子间作用，如氢键、弱络合及其他各种作用力。另外，在溶剂的临界点附近，溶质溶解度对温度、压力的变化最为敏感，加入夹带剂后，能使混合溶剂的临界点相应改变，更接近萃取温度。增强溶质溶解度对温度、压力的敏感程度，使被分离组分通过温度、压力，从循环气体中分离出来，以避免气体再次压缩的高能耗。夹带剂不仅可以增加溶质在超临界流体中的溶解度和选择性，同时还可以作为助表面活性剂，有利于超临界流体微乳液的形成。超临界 CO_2 微乳液萃取技术在生物活性物质和金属离子萃取方面有着广阔的发展前景。

1）夹带剂分子结构的影响

物质的结构决定物质的性质，夹带剂的分子结构决定了其物理和化学性质。超临界 CO_2 萃取与传统的萃取分离不同的是通过调节 CO_2 的压力和温度来控制萃取体系的溶解度和蒸汽压两个参数进行分离的，而夹带剂的加入就是要改善这两个参数以强化萃取分离。由于 CO_2 是一个弱 Lewis 酸，若夹带剂分子结构中含有低溶解度参数，低极性或电子给予作用的 Lewis 碱性基团则对 CO_2 表现出极大的亲和性。含有这些特性的亲 CO_2 官能团包括硅氧烷、全氟醚、全氟烷烃、叔胺、脂肪醚、炔醇和炔二醇等。这些化合物的存在可有效地促进其他有机物在超临界 CO_2 萃取中的溶解。人们在寻找高效的夹带剂的研究中还发现胺类及含有—OH、$\rangle C = O$ 等基团的夹带剂能有效地增大酸、醇、酚及酯等溶质在超临界 CO_2 萃取中的溶解度，原因在于夹带剂与溶质都具有形成氢键的分子结构。氢键是一种较强的分子间作用力，夹带剂与溶质分子间氢键的形成对萃取效率有很大的影响。Johnston 和 Shah（2004）分别用 CH_3OH、TBP 两种不同夹带剂，其对苯二酚在超临界 CO_2 萃取中的溶解度相差很大，分别提高 10 倍和 250 倍。这就是因为 CH_3OH 的加入只是增加了溶剂的极性，而 TBP 与溶质分子（酸、醇、酚等）则以氢键形式形成了复合物，TBP 在非极性溶剂超临界 CO_2 萃取中易溶，使得这种复合物也易溶，因而大大提高了原溶质的溶解。可见在影响超临界 CO_2 萃取效能的夹带剂因素中，特殊的分子结构较分子极性、相对分子质量和分子体积等因素更重要。

2) 夹带剂物性的影响

夹带剂的物性是影响超临界 CO_2 萃取的主要因素。夹带剂的物性包括分子极性、相对分子质量和分子体积等。

分子极性是影响超临界 CO_2 萃取的重要因素。单纯的 CO_2 只能萃取极性较低的亲脂性物质，对于极性较大的物质萃取效果不理想。使用极性较大的夹带剂可改善极性组分在超临界 CO_2 萃取中的溶解度。原因是极性夹带剂的引入增大了溶剂的极性，从而增大了极性物质的溶解度，就其实质来说溶剂的溶解能力取决于夹带剂与极性溶质间的分子作用力的大小。极性夹带剂与极性溶质分子间既有瞬时偶极产生的色散力和分子固有偶极产生的取向力，还有诱导偶极产生的诱导力，这 3 个分子间力与分子极性的强弱及分子的变形性有密切关系。因此，夹带剂的极性越大，分子的变形性越大，夹带剂与溶质分子间的作用力就越强，溶质在含有夹带剂的超临界 CO_2 萃取中的溶解度就越大，萃取效果就越理想。常见的具有较强极性的夹带剂有水、甲醇、乙醇、丙酮、乙酸和乙酸乙酯等。禹慧明等实验表明，加入质量分数为 10%的甲醇作夹带剂，可在较低 CO_2 密度时萃取到更多的油脂，对于实际生产有重要意义。应用于工业生产中，将 CO_2 密度从 0.95 g/cm^3 降为 0.75 g/cm^3，可使操作压力从 38.3 MPa 降至 13.4 MPa，因此可大大降低对容器材料的耐高压要求，从而降低生产成本，减少生产操作的危险性。臧志清等的研究结果认为，以水为夹带剂，对辣椒素萃取的夹带剂效应显著，以丙酮为夹带剂，对红色素萃取的夹带剂效应显著，有利于色素的萃取。采用夹带剂时萃取可在 19 ~ 20 MPa 操作，比纯 CO_2 流体萃取所需压力低，而且经济、操作方便。朱仁发等通过综述夹带剂在烟草超临界萃取中的应用指出，夹带剂的应用可大大拓宽超临界萃取烟草中有效成分的应用范围，特别是当被萃取组分在超临界溶剂中溶解度很小时，夹带剂的应用就非常有效。另外，Sethuraman（1997）、LiuJuncheng 等（2001）通过研究也认为将合适的夹带剂加入纯的超临界 CO_2 中，可以显著强化萃取过程，提高萃取能力。纯 CO_2 几乎不能从咖啡豆中萃取咖啡因，但在超临界 CO_2 萃取中加入水后，因为生成了具有极性的 H_2CO_3，在一定条件下能选择性地溶解极性的咖啡因。宋启煌等的研究表明，单纯用 CO_2 萃取，即使压力升高至 55 MPa，也难以提取出极性较大的溶解了 EPA（二十碳五烯酸）和 DHA（二十二碳六烯酸）的脂质成分。选用乙酸乙酯作夹带剂，可以大大提高萃取效率。Marentis 等（2001）测定了在 $2×10^4$ kPa 和 70℃条件下，棕榈酸在超临界二氧化碳中的溶解度是 0.25%（wt）；在同样条件下，在体系中加入 10%的乙醇为夹带剂，溶解度可提高到 5.0%（wt）以上。另外，夹带剂还可作为反应物提高萃取分离的效率，降低操作压力，缩短萃取时间，提高萃取得率，对实现超临界流体萃取的工业化生产将起到关键作用。可见夹带剂分子的极性对超临界 CO_2 萃取的影响是非常大的。

由于分子的极性也与分子的变形性关系密切，而分子在外界条件的影响下，电子云的重心与原子核发生相对位移，造成分子的形变，从而导致分子的极性变化。在分子构型一致时，夹带剂分子的相对分子质量越大，其变形性就越强；夹带剂分子体积越大，电子位移的可能性就越大，分子的变形性也变强。夹带剂有很强的变形性就意味着夹带剂与溶质分子间的色散力和诱导力较大，从而可能具有较强的分子间作用力。因此，夹带剂的相对分子质量和分子体积通过影响溶质与溶剂间的作用力，来影响萃取效能。试验结果证明随着夹带剂相对分子质量的增大，夹带剂在超临界 CO_2 中的溶解度逐渐减小。刘延成等用醇系作夹带剂研究了苯甲酸在含夹带剂的超临界 CO_2 中溶解度的变化，在所用的醇系夹带剂按其相对分子质量增大的顺序下，苯甲酸的溶解度呈减小的趋势变化。叶树集等研究发现绝大部分高聚物在超临界 CO_2 萃取中难溶，且随着相对分子质量和分子体积增大，溶解性进一步下降；周庆荣等研究了固体溶质在含夹带剂的超临界流体中的溶解度，并成功地提出了相应的化学缔合模型。因此，在选择夹带剂时应考虑相对分子质量和分子体积影响的正反两方面的因素。另外，周泉城等的实验结果表明，夹带剂中多（混合）组分的萃取效能比单一组分的更强。

夹带剂对超临界流体萃取过程的强化技术已广泛应用于轻工、化工、医药、食品、环保等许多领域的研究，而且都取得了良好的效果：在超临界状态下，咖啡因、茶多酚的萃取；用水–乙醇作夹带剂从甘草中萃取甘草素、异甘草素、甘草查耳酮；一些天然色素如类胡萝卜素、姜黄色素、辣椒红素和叶绿素的提取；脂类物质的提取，如从米糠中萃取米糠油，从鱼油中萃取 EPA 和 DHA，真菌中的 EPA，蛋黄粉中的卵磷脂提取，植物油和维生素 E 的萃取，提取啤酒花浸膏；从迷迭香中提取抗氧化剂；在医药上，从藏药中萃取墨沙酮成分，从藏药雪灵芝中萃取总皂苷及多糖，从黄山药中萃取薯蓣皂素，萃取马钱子中士的宁、银杏叶中的有效成分；在环保行业中，萃取有害金属污染物和有机污染夹带剂的正确选择和使用，能大大提高超临界流体萃取的效能，同时能大大拓展超临界流体的应用范围。因此，选择夹带剂时既要综合考虑夹带剂的性质（分子极性、分子结构、相对分子质量、分子体积）和被萃取物性质（分子结构、分子极性、相对分子质量、分子体积和化学活性等）及所处环境；也有必要掌握涉及萃取条件的相变化、相平衡以及多（混合）组分夹带剂等情况。然而，目前这方面还缺乏足够的理论研究，可测性差，更多的是靠实验摸索确定合适的夹带剂。加入夹带剂后，体系的相行为和溶剂性质都可能发生复杂的变化，夹带剂用量的影响往往有一个最佳值（状态），这也主要靠实验来确定。

2.3 超临界流体萃取技术的主要设备及工艺流程

2.3.1 超临界流体萃取技术工艺流程

SFE 技术基本工艺流程为：原料经除杂、粉碎或轧片等一系列预处理后装入萃取器中，系统冲入超临界流体（super critical fluid，简称 SCF）并加压。物料在 SCF 作用下，可溶成分进入 SCF 相。流出萃取器的 SCF 相经减压、调温或吸附作用，可选择性地从 SCF 相分离出萃取物的各组分，SCF 再经调温和压缩回到萃取器循环使用。$SC-CO_2$ 萃取工艺流程由萃取和分离两大部分组成。在特定的温度和压力下，使原料同 $SC-CO_2$ 流体充分接触，达到平衡后，再通过温度和压力的变化，使萃取物同溶剂 $SC-CO_2$ 分离，$SC-CO_2$ 循环使用。整个工艺过程可以是连续的、半连续的或间歇的。根据分离条件不同，$SC-CO_2$ 萃取有 3 种典型流程，如表 2-1 所示。

表 2-1 $SC-CO_2$ 萃取典型工艺流程

流程	工作原理	优点	缺点
等温变压工艺	萃取和分离在同一温度下进行。萃取完毕，通过节流降压进入分离器。由于压力降低，CO_2 流体对被萃取物	由于没有温度变化，故操作简单，可实现对高沸点、热敏性、易氧化物质接近常温的萃取	压力高，投资大，能耗高
等压变温工艺	萃取和分离在同一压力下进行。萃取完毕，通过热交换升高温度。CO_2 流体在特定压力下，溶解能力随温度升高而减小，溶质析出	压缩能耗相对较小	对热敏性物质有影响
恒温恒压工艺	流程在恒温恒压下进行。该工艺分离萃取物需特殊的吸附剂，如离子交换树脂、活性炭等，进行交换吸附一般用于除去有害物质	该工艺始终处于恒定的超临界状态，所以十分节能	需特殊的吸附剂

2.3.2 超临界流体萃取技术主要设备

总体上讲，SFE 过程的主要设备是由高压萃取器、分离器、换热器、高压泵（压缩机）、储罐以及连接这些设备的管道、阀门和接头等构成。另外，因控制和测量的需要，还有数据采集、处理系统和控制系统。

1）间歇式萃取器

萃取器是装置的核心部分，它必须耐高压、耐腐蚀、密封可靠、操作安全。目前大多数萃取器是间歇式的静态装置，进出固体物料需打开顶盖。为了提高操作效率，生产中大多采用并联式操作以便切换萃取器。图 2-2 为间歇式萃取器的结构。设计压力 32 MPa，设计温度 100℃，筒体内径 42 mm，内高 290 mm，全容积约 400 mL。萃取器用 0Cr18Ni9Ti 不锈钢制造，按 GB 150—89《钢制压力容器》和 HGJ 18—89《钢制化工容器制造技术要求》进行设计、制造、试验和验收。由于设备直径小，不易焊接，故筒体用不锈钢棒料钻孔车制而成。筒体和下法兰采用螺纹连接。上法兰和筒体之间采用透镜垫密封。水夹套用 76 mm×2.5 mm 不锈钢无缝钢管焊制。筒体和法兰加工完之后，进行渗透探伤检查，保证没有裂纹和缺陷。萃取器制造完毕之后，以 40 MPa 进行水压试验。萃取液体物料时，萃取器内加入螺旋填料；萃取固体物料时，将填料取出，代之以不锈钢提篮，物料加入篮内。

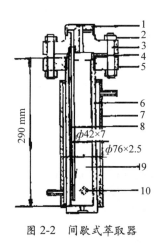

图 2-2　间歇式萃取器

1—上法兰；2—法兰螺母；3—法兰螺栓；4—透镜垫；5—下法兰；6—筒体；
7—水夹套；8—进料管；9—填料；10—提篮

2）快开式萃取器

萃取某些不易进行粉碎预处理的固体物料（例如某些必须保持纤维结构不发生变化的天然产品），需要打开萃取器的顶盖加料和出料，进行间歇生产。为了提高生产效率，萃取器顶盖须设计成快开式结构（图 2-3）。大型萃取塔的快开式封头还配置了液压自控系统，从而实现了自动启闭。这种高压、大尺寸、快开式封头的结构、密封、强度设计及加工制造，国内压力容器设计和制造部门尚缺乏经验。

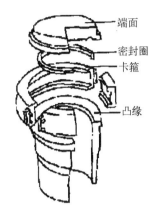

端面

密封圈

卡箍

凸缘

图 2-3　快开式封头结构示意图

3）其他设备分离器

分离器是溶质与超临界溶剂实现分离的装置，结构与萃取器相似，内部不设进料管、填料和提篮，一般配备了温度和压力控制设备。分离器内应有足够的空间便于气固分离；同时，为方便清洗和回收萃取物，分离器内部一般设计为简单的几何形状，还设有收集器。新型的高效分离器可避免分离中的雾化现象。

缓冲器的结构与萃取器和分离器相似，内部不设进料管、填料和提篮。换热器采用螺旋盘管式换热器。加压泵可选用高压计量泵。两台泵并联操作时，根据过程需要，一台或两台同时开动，以调节系统中 CO_2 的流量。管路系统可采用不锈钢无缝钢管，用卡套式接头连接。阀门选用不锈钢高压阀门，需要调节压力时采用节流阀，其他场合采用截止阀。值得注意的是，萃取器与一级分离器之间由于骤然减压且压差较大，致使 CO_2 流体节流降温结冰，易将阀门堵塞，故在操作中需对节流阀进行加热。

4）连续式 SFE 装置

利用 SFE 技术进行规模化生产的难题在于高压条件下固体进出料系统的设计。日本在 1988 年发明了连续式超临界流体萃取器装置，利用螺旋杆加料器避免了萃取开盖过程中大量的能量损失；Rice 等发明了在闭路管线中利用 SCF 连续萃取固体物料的装置，其中固体物料的间歇加入是通过切换机械阀门实现的；另外一种较为常见的方法是气锁式进出料装置，在固定床及移动床的萃取中均有应用。机械式进出料装置对物料的磨损严重，能量消耗大，容易发生机械故障，而且密封性及耐压性不强；而气锁式装置在操作中气体损失量大，对于萃取体系的平衡有较大的扰动。目前尚没有一种固体进出料装置能较好地实现超临界萃取的连续化生产。

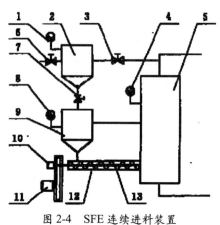

图 2-4　SFE 连续进料装置

1—压力表；2—料仓；3—节流阀；4—压力表；5—萃取器；6—节流阀；7—节流阀；8—压力表；
9—料仓；10—轴端集流阀；11—电机；12—螺旋输送机壳体；13—实体螺旋

目前的 SFE 技术主要基于固定床，具有间歇操作、传质性能差等缺点。虽然文献中已有利用移动床及流动管路连续操作的报道，但在实际生产中尚未见应用。连续化操作可以避免生产中大量的能量散失，提高萃取率，从而降低生产成本。因此，为了实现规模化生产，解决高压条件下固体进出料系统的设计问题是今后 SFE 技术发展的方向和趋势之一。

2.4　超临界流体萃取技术在水产品中的应用

超临界流体萃取在各种多不饱和脂肪酸油脂、生物活性物质的提取方面已取得很大进展，有的已实现工业规模生产。目前超临界萃取技术在海洋水产中的应用主要见于多不饱和脂肪酸，包括二十碳五烯酸 EPA 和二十碳六烯酸 DHA，以及一些海洋生物活性物质的提取。

2.4.1　超临界萃取技术提取水产品中多不饱和脂肪酸

多不饱和脂肪酸具有抗癌、抗动脉粥样硬化、减肥、提高免疫力等多种生理功效，EPA 和 DHA 更是具有很高的生理活性。超临界萃取技术以其特有的优势已在多不饱和脂肪酸的提取过程中发挥着重要的作用。如黄俊辉和曾庆孝（2001）研究了超临界 CO_2 萃取技术提取海藻多不饱和脂肪酸的工艺为：CO_2 流量 $2.5 \sim 3.5$ L/h，萃取温度

30℃，时间 3 h，压力 25 MPa，提取率可达 67.2%。张穗和宋启煌（1999）选用乙酸乙酯为改性剂，通过正交试验确定了超临界 CO_2 萃取海洋微藻中 EPA 和 DHA 的最佳工艺条件，并对日本小球藻、钝顶螺旋藻和亚心形扁藻进行提取，与直接酯化法、Bligh-Dyer 法、索氏抽提法和乙醇－乙烷法等溶剂法对比，以提取率最高的直接酯化法为基础，超临界萃取法对日本小球藻中 ω-3 脂肪酸二十碳五烯酸的提取率为 92.1%，DHA 为 89.4%，对钝顶螺旋藻和亚心形扁藻的提取率也达 90%左右，高于其他溶剂法，产物中 EPA 和 DHA 的纯度亦优于溶剂法。胡爱军等（2005）研究超声强化超临界流体萃取海藻 DHA 技术，结果表明，超声强化超临界流体萃取不仅可以降低萃取温度，还可缩短萃取时间，提高萃取率。黄俊辉和曾庆孝（2001）以海带为原料，对采用超临界 CO_2 萃取技术提取海藻多不饱和脂肪酸的可行性进行了研究，得率可达 67.2%。此外，刘程惠等（2009）以鱼籽油中 DHA 和 EPA 的提取率和含量为测定指标，分别研究了收集压力、萃取压力、萃取时间、萃取温度和夹带剂用量比例对超临界 CO_2 流体萃取冻干鱼籽粉中 DHA 和 EPA 的影响，DHA 的提取率可达 55.81%，EPA 的提取率可达 56.93%，DHA 的含量达到 161.26 mg/g，EPA 的含量可达 170.03 mg/g。Hardardottir 和 Suzuki（1988）研究了 SC-CO_2 超临界萃取法提取鳕鱼鱼油的工艺，得率为 78%；姜爱莉等（2006）用超临界 CO_2 从柄海鞘干粉中提取脂肪酸，得率为 19.5%，其中多不饱和脂肪酸含量为 75.77%，EPA 和 DHA 含量之和为 19.47%。Eastoe 等（2001）采用 SC-CO_2 超临界萃取法提取了沙丁鱼中的 PUFAs 和油脂；赵亚平和吴守一（1997）采用硝酸银络合与超临界 CO_2 精馏相结合的方法，从鱼油中提取了高纯度的 DHA 和 EPA，其纯度均达 90%以上。劳邦盛等（2000）采用超临界流体萃取及 GC-MS 分析了新冷冻干燥及不同保存天数的鲜牡蛎粉中的脂肪酸组成，发现在存放过程中牡蛎脂肪酸的稳定性和不饱和度有关。其中，不饱和度越高，脂肪酸越易被氧化，且其氧化过程是逐渐进行，没有特定的稳定期。

2.4.2 超临界萃取技术提取虾青素

虾青素（Astaxanthin）又名虾黄素，是迄今人类发现的自然界最强的抗氧化剂，其清除自由基的能力远远高于维生素 C 和维生素 E，还具有多种生理活性功能。尽管 95%的虾青素由人工合成，但合成色素的高成本和人们对天然色素强烈的需求，导致天然虾青素开发研究日益增多。传统虾青素提取方法（碱提法、油溶法、有机溶剂提取法等）提取的虾青素存在质量差、纯度低、有异味和溶剂残留等弊端，不利于天然虾青素的推广和使用。超临界 CO_2 萃取技术与传统的提取工艺相比，在产品提取方面具有纯度高、溶剂残留少、无毒副作用等优点，越来越受到人们的重视。目前，超临

界 CO_2 流体萃取虾青素的研究集中于藻类和甲壳类废弃物，主要影响因素有：样品原料特性、萃取压力、温度、时间、CO_2 用量及流速、夹带剂的选择和用量。国内外以超临界 CO_2 流体萃取南极磷虾中虾青素的研究报道较少。Abdelkader 等（2012）以超临界 CO_2 萃取南极磷虾虾青素，比较超临界 CO_2 法和有机溶剂法，实验结果显示，超临界 CO_2 法萃取效果明显优于有机溶剂法。该研究仅讨论了萃取温度、压力对虾青素萃取率的影响。Reverchon 等（2006）的研究结果显示，超临界 CO_2 流体为非极性溶剂，在提取过程中，添加适量的极性夹带剂，可以有效地提高虾青素的溶解力和选择性。一般常用的夹带剂有乙醇、二氯甲烷等，从食品安全的角度考虑，乙醇因其无毒的特点而成为人们使用最多的夹带剂。

杨霞（2013）采用超临界 CO_2 萃取南美白对虾虾青素，考察了萃取参数的不同水平对虾青素萃取物得率和虾青素纯度的影响，结果表明萃取参数不同对虾青素萃取物得率影响不显著（$P > 0.05$），但是对虾青素纯度影响显著（$P < 0.05$），进一步确定了响应面试验设计的因素水平为萃取压力为 $320 \sim 480$ Pa、萃取温度为 $36 \sim 44$℃、CO_2 流量为 $0.7 \sim 1.1$ L/min。响应面分析结果表明理论最优工艺条件为：萃取压力为 403.95 Pa，萃取温度为 39.95℃，CO_2 流量为 1.16 L/min，虾青素纯度可达到 796.3 μg/g。结合实际可操作性，选取萃取压力 400 Pa，萃取温度 40℃，CO_2 流量 1.2 L/min，虾青素纯度达 789.61 μg/g，表明工艺条件的优化科学可靠，可为虾青素的提取纯化提供依据。

翁婷（2013）采用超临界 CO_2 萃取南极磷虾虾青素，得到适宜工艺条件为：P 萃取压力 35 MPa，萃取温度 60℃，夹带剂用量 1.00 mL/g，萃取时间 3.5 h，虾青素得率达到（84.41±0.57）%。本研究为超临界超二氧化碳萃取南极磷虾虾青素提供基础理论依据，增加资源的附加值，促进加工企业的发展和渔业资源的可持续利用，使其发挥更大的社会效益和经济效益。

2.4.3 超临界萃取海藻生物活性成分

海藻中含丰富的多糖、藻胆蛋白、多不饱和脂肪酸、色素等生物活性成分，具有清除自由基与抑制氧化、抗肿瘤、改善血液循环系统、抗菌、抗炎、保护皮肤组织及抗衰老等功能。潘碧枢（2006）从绿藻、蓝藻、褐藻中筛选出含抗氧化活性高的蛋白核小球藻和螺旋藻，研究了这两种海藻生物活性成分的超临界 CO_2 萃取工艺和技术，优化萃取工艺参数，研究了提取物的 in Vitro 抗氧化活性，分析抗氧化作用的主要成分，用索氏提取法提取蛋白核小球藻、螺旋藻和马尾藻的生物活性物质，蛋白核小球藻提取物得率为（1.42 ± 0.22）%，清除率达（97.8 ± 1.3）%，螺旋藻提取物得率为（1.18 ± 0.23）%，清除率达（84.0 ± 0.3）%；马尾藻提取物得率为（0.58 ± 0.11）%。清除率达（41.7 ± 0.5）%。根据生物活性成分的含量和提取物的抗氧化活性，筛选出蛋白核小球藻和螺旋藻作为该研究的原料。用超临界 CO_2 萃取技术提取蛋白核小球藻活性物质，选定萃取的温度、压力、流量、夹带剂用量、时间等 5 个因素，设计正交试验，以得率为指标，并研究了各试验组提取物清除率和抑制亚油酸氧化能力，筛选出最佳工艺参数：萃取压力为 40 MPa、萃取温度为 47℃、夹带剂用量为乙醇物料、CO_2 流量为 30 L/h、提取时间为 1.5 h，获得的粗提取物得率为 7.54%，提取物抗氧化活性高于 BHT 和生育酚。螺旋藻得率为 15.6 g/kg，提取物中黄酮类物质含量为 85.1 g/kg、β–胡萝卜素含量为 77.8 g/kg、维生素 A 含量为 113.2 g/kg、维生素 E 含量为 3.4 g/kg、脂肪类物质含量为 700 g/kg。

2.4.4 超临界萃取技术提取海洋水产其他生物活性成分

超临界萃取技术操作范围广，萃取温度低，能最大限度地保持营养成分不被破坏，且萃取后的 CO_2 不残留，萃取速度快，因此特别适用于生物活性成分的提取。李民贤等（2009）采用了热水、乙醇及超临界 CO_2 流体对台湾重缘叶马尾藻进行萃取，并评估了萃取物的抗氧化特性及抑制肿瘤细胞增生作用，结果发现重缘叶马尾藻总多酚含量以热水萃取法较高，二类黄酮含量则以超临界 CO_2 流体萃取较高（$P < 0.05$），经乙醇和超临界 CO_2 流体萃取物处理 HT29 人类大肠癌细胞 24 h 后，其生长及形态明显受到影响，且萃取物浓度越高，HT29 大肠癌细胞数目越少，细胞形态改变越明显。李娜等（2009）采用正交实验研究超临界 CO_2 流体萃取蜈蚣藻中萜类化合物的条件，并以气相色谱 – 质谱联用技术分析蜈蚣藻中萜类的主要化合物，确认出 11 种萜类化合物。张昆和邵晨（1995）研究了用超临界 CO_2 萃取技术从螺旋藻中提取天然食用黄色素的工艺条件为萃取压为 400 Pa、温度 35℃，提取率可达 96.5%。李新和刘震（1999）采用超临界 CO_2 萃取螺旋藻中 β – 胡萝卜素的结果表明，萃取压力越高，温度越高，CO_2 用量越多，收率就越大。石勇和古维新（2003）采用超临界 CO_2 分子蒸馏对螺旋藻化学成分进行萃取与分离，得到 20 种化学成分。朱廷凤和廖传华（2003）采用超临界 CO_2 萃取技术研究了螺旋藻中 β – 胡萝卜素的最佳工艺条件，萃取压力为 25 ~ 35 MPa，操作温度为 30 ~ 50℃，CO_2 流量为 20 ~ 25 kg/h。马媛等（2006）研究了超临界萃取法提取扇贝内脏脂质的最佳工艺条件，并比较了索氏脂肪提取法，发现超临界萃取法提取不饱和脂肪酸效果更好，且提取时间短。王丽杰等（2006）采用超临界 CO_2 流体萃取平贝母中总生物碱，通过单因素实验和正交实验确定了最佳萃取条件。张良等（2008）用超临界 CO_2 流体提取技术提取川贝母游离生物碱，通过单因素和正

交试验获得其最佳萃取组合，萃取率达 0.195%。徐敦明等建立了利用离线超临界 CO_2 萃取气相色谱测定鱼肌肉中毒死蜱残留量的分析方法，最小检出量为 0.01 ng，添加回收率为 77.3% ~ 105.1%。

2.4.5　超临界萃取技术在有机化合物检测的前处理应用

超临界 CO_2 萃取技术利用超临界流体作为萃取剂，兼有气体和流体特征，表面张力小，易渗透到样品中，并保持较大流速，且溶剂强度易控制，易实现梯度萃取，可用于海洋环境样品中多氯联苯（PCBs）、多环芳烃（PAHs）、拟除虫菊酯、杂环胺等有机化合物的前处理。但是 CO_2 是一种非极性溶剂，在实际应用中经常加入少量改性剂如 NO_3、NH_3 等改善萃取效果。席英玉（2008）指出超临界萃取获得的样品可直接用于分析。Langenfeld 等（1993）利用超临界 CO_2 萃取了土壤、降尘、河底泥中的 PCBs 和 PAHs。Yu 等（1995）用 CO_2 二乙胺萃取海洋沉积物中的 PAHs，并证实不受样品基体效应的影响。

2.5　超临界流体萃取技术的发展前景与展望

2.5.1　超临界流体萃取技术的优点及存在的问题

超临界萃取技术是近代化工分离中出现的一种高新分离技术。它可同时完成蒸馏和萃取两个步骤，而且可在接近室温的环境下完成，不会破坏生物活性物质，适合于一些热敏性等其他难分离的物质。由于超临界 CO_2 流体具有高扩散能力和高溶解性能，且质剂分离只需改变温度和压力即可，使其与传统的分离方法相比，具有溶解能力强、传递性能好、分离效率高、操作简便、渗透能力强及选择性易于调节等方面的优点，广泛应用于食品、天然产物、药物、环境重金属回收等方面工业化生产，分离出的产品纯度高。因此 CO_2 流体是 FDA 和 EFSA 公认的便宜、环境友好型的介质，该技术也被称为是一种"超级绿色技术"。

与传统的提取技术相比，尽管超临界 CO_2 流体萃取技术具有无可比拟的优势，但它也存在着自身不可克服的问题，主要表现在以下几个方面。

（1）对极性大、相对分子质量超过 M_0 的物质萃取效果较差，需要添加夹带剂或在很高的压力下萃取，这就要选择合适的夹带剂或增加高压设备。

（2）对于成分复杂的原料，单独采用超临界 CO_2 流体往往满足不了纯度的要求，需要与其他的分离手段联用。

（3）超临界 CO_2 流体的临界压力偏高，增大了设备的固定投资，有人建议采用丙烷代替 CO_2，正是基于上述原因，目前超临界 CO_2 流体技术具有以下几个发展趋势：超临界染色技术、超临界沉淀技术、超临界反应、超临界色谱、超临界挤压等新型超临界技术的发展迅速；选择合适的改性剂和寻求适宜的超临界流体势在必行；超临界流体技术与其他高新技术联用。

2.5.2　超临界流体萃取技术新进展

随着超临界流体萃取技术研究的不断深入和应用范围的不断扩大，超临界流体萃取技术的应用也进入一个新的阶段，超临界流体萃取技术已不再只局限于单一的成分萃取及生产工艺研究，而是与其他先进的分离分析技术联用或应用于其他行业形成了新的技术。近年来，超临界流体技术的新应用主要体现在以下两方面。

1）超临界流体萃取与色谱联用技术

随着科学技术的发展，人们将液相色谱或气相色谱与超临界流体萃取联用，这样在分析萃取成分、效率、含量等方面的研究中可以提供更加准确的分析结果，且由色谱图直接反映出来，具有直观性。佘佳红等用该技术萃取测定了银杏叶粗提物中黄酮类化合物的含量，方法简便快速，萃取完全。

2）纳滤与超临界流体萃取联用

纳滤与超临界流体一样，都可用于萃取分离物质，而这两种方法有着各自的优点和不足，因此 S. Sarrade 等将两种操作的优点结合起来发展成一个新的混合操作，成为一种新的联用萃取技术，从而增强了两种功能作用，使萃取效果明显，可以达到最优的分离效果。

超临界流体具有许多不同于一般液体溶剂的物理化学特性，基于超临界流体的萃取技术具有传统萃取技术无法比拟的优势，近年来，超临界流体萃取技术的研究和应用从基础数据、工艺流程到实验设备等方面均有较快的发展。超临界流体除萃取外，还可作为反应物参加化学反应，从而提高反应速率、选择性，还可与精馏、超声波、微胶囊等技术结合起来产生更大的社会经济效益，而且超临界流体色谱已经问世，大大拓宽了它的应用范围，取得了一系列重大成果。

2.5.3　超临界流体萃取技术在水产工业中的发展展望

超临界流体萃取技术作为一种新型"绿色"提取分离技术在国外研究较早，如美国、日本、德国等国家采用超临界萃取获得的生物活性物质已有几十种实现产业化，例如提取啤酒植物种子油、从咖啡中脱咖啡因、天然香料等。近年来，我国采用超临界技术萃取生物活性有效成分也取得了一定的成绩，逐渐从理论和中试水平研究向规模化生产方向迈进，领域涉及香精香料、中草药有效成分、油脂工业等，已实现稳定的产业化生产。超临界流体萃取技术在海洋水产领域的应用正日益受到重视，从理论和应用上均已证明有着越来越广泛的前景。当前主要用于鱼油等不饱和脂肪酸、β-胡萝卜素、脂质、生物碱等海洋生物活性成分的提取，也用于海洋水产中拟除虫菊酯、多环芳烃、多氯联苯等农药、兽药残留的分析。今后应注重超临界流体萃取技术与强化技术并用以提高萃取效率。未来，超临界流体萃取技术将为海洋药物新机型的开发提供新的途径。随着人们对超临界流体萃取技术的进一步认识和研究，这一新兴技术将得以更广泛和深入的应用，并对我国海洋水产科技进步和经济发展产生深远的影响。

本章小结

1. 超临界流体是指超临界温度和临界压力状态下的高密度流体，它具有气体和液体的双重性质，具有一般液体溶剂所没有的明显优点，超临界流体萃取结合了蒸馏和萃取过程的特点。

2. 超临界流体萃取技术作为分离方法的依据是超临界流体对溶质的溶解度随操作条件的改变而改变。在实际萃取过程中，被萃取物多种多样，其性质千差万别，不同的物质在萃取过程中都有不同的表现，而萃取系统中 CO_2 所处的状态对萃取过程也有很大的影响。这些影响因素（如温度、压力、夹带剂等）交织在一起使萃取过程变得较为复杂。

3. 超临界流体萃取技术基本工艺流程为：原料经除杂、粉碎或轧片等一系列预处理后装入萃取器中，系统冲入超临界流体并加压。物料在 SCF 作用下，可溶成分进入 SCF 相。流出萃取器的 SCF 相经减压、调温或吸附作用，可选择性地从 SCF 相分离出萃取物的各组分，SCF 再经调温和压缩回到萃取器循环使用。整个工艺过程可以是连续的、半连续的或间歇的。

4. 超临界流体萃取技术在水产品中的应用主要体现在提取水产品中多不饱和脂肪酸、提取虾青素、萃取海藻生物活性成分、提取海洋水产其他生物活性成分以及在有机化合物检测的前处理应用。

5. 超临界流体萃取技术的优点是同时完成蒸馏和萃取两个步骤，而且可在接近室温的环境下完成，不会破坏生物活性物质，适合于一些热敏性等其他难分离的物质。存在的问题是；对极性大的物质萃取效果较差；对于成分复杂的原料，单独采用超临界 CO_2 流体往往满足不了纯度的要求，需要与其他的分离手段联用；超临界 CO_2 流体的临界压力偏高，增大了设备的固定投资。

思考题

1. 简述超临界流体的概念。

2. 超临界流体的特性有哪些？夹带剂的使用有什么益处？

3. 食品加工中采用超临界流体技术，为什么选择 CO_2？

4. 超临界流体萃取技术在水产品中的应用除了文中提到的实例外，还有哪些具体的应用？请查文献整理一篇综述。

第3章 膜分离技术及其在水产品中的应用

教学目标

1. 了解：膜分离技术的概念和分类，膜分离技术在水产品中的应用；渗透汽化膜、液膜、动态膜各自特点。
2. 理解：反渗透、微滤、超滤、纳滤各自的特点及使用范围；膜分离技术用于水产品加工业的优越性；膜分离技术存在的问题；膜分离技术在水产品工业的展望。
3. 掌握：膜分离技术的主要设备，管式膜组件、中空纤维膜组件、板框式膜组件、螺旋卷绕式膜组件各自特点；新型膜分离技术的发展前景。

  膜是指在一种流体相内或者是在两种流体相之间有一层薄的凝聚相，它把流体相分隔为互不相通的两部分，并能使这两部分之间产生传质作用。膜分离技术是多学科交叉的产物，与传统的分离技术比较，它具有高效、节能、过程易控制、操作方便、便于放大、易与其他技术集成等优点。膜分离技术在水产品中的应用有很多优点，分离过程的能耗比较低、常温下进行、无相变、分离过程兼有杀菌和脱腥、脱臭的作用；工艺适应性强；没有二次污染等。在水产调味液加工，藻类多糖及醇等物质提取，活性成分及特定成分的分离与提纯，水产品加工废水的处理和营养成分的回收以及水产蛋白酶解物的分离纯化方面的应用很广泛。本章主要介绍膜分离技术的概念和分类，膜分离技术在水产品中的应用，叙述膜分离技术用于水产品加工业的优越性；膜分离技术存在的问题；最后介绍膜分离技术在水产品工业的展望以及新型膜分离技术的发展前景。

3.1　膜分离技术发展概述

　　膜在大自然中，特别是在生物体内是广泛存在的，但我们人类对它的认识、利用、模拟直至现在人工合成的历史过程却是漫长而曲折的。膜分离是在 20 世纪初出现，20 世纪 60 年代后迅速崛起的一门分离新技术。我国膜科学技术的发展始于 1958 年研究离子交换膜。20 世纪 60 年代进入开创阶段，1965 年着手反渗透的探索，1967 年开始的全国海水淡化会战大大促进了我国膜科技的发展。20 世纪 70 年代进入开发阶段，这一时期，微滤、电渗析、反渗透和超滤等各种膜和组器件都相继研究开发出来。20 世纪 80 年代跨入了推广应用阶段，同时又是气体分离和其他新膜开发阶段。随着我国膜科学技术的发展，相应的学术、技术团体也相继成立。它们的成立为规范膜的行业标准、促进有关于膜行业的发展起着举足轻重的作用。半个世纪以来，膜分离完成了从实验室到大规模工业应用的转变，成为一项高效节能的新型分离技术。1925 年以来，差不多每 10 年就有一项新的膜过程应用在工业上。

　　由于膜分离技术本身具有的优越性能，所以膜过程现在已经得到世界各国的普遍重视。在能源紧张、资源短缺、生态环境恶化的今天，产业界和科技界视膜过程为 21 世纪工业技术改造中的一项极为重要的新技术。曾有专家指出：谁掌握了膜技术，谁就掌握了化学工业的明天。

　　20 世纪 80 年代以来我国膜技术跨入应用阶段，同时也是新膜过程的开发阶段。在这一时期，膜技术在食品加工、海水淡化、纯水、超纯水制备、医药、生物、环保等领域得到了较大规模的开发和应用。并且，在这一时期，国家重点科技攻关项目和自然科学基金中也都有了膜的课题。

　　目前，这一潜力巨大的新兴行业正在以蓬勃的激情挑战市场，为众多企业带来了较为显著的经济效益、社会效益和环境效益。

3.2　膜分离技术的分类

3.2.1　反渗透

　　当溶液与纯溶剂被半透膜隔开、半透膜两侧压力相等时，纯溶剂通过半透膜进入溶液一侧，使溶液浓度变低的现象称为渗透。此时，单位时间内从纯溶剂侧通过半透膜进入溶液侧的溶剂分子数目多于从溶液侧通过半透膜进入溶剂侧的溶剂分子数目，使得溶液浓度降低。当单位时间内，从两个方向通过半透膜的溶剂分子数目相等时，渗透达到平衡。如果在溶液侧加上一定的外压,恰好能阻止纯溶剂侧的溶剂分子通过半透膜进入溶液侧,则此外压称为渗透压。渗透压取决于溶液的系统及其浓度,且与温度有关,如果加在溶液侧的压力超过了渗透压,则使溶液小的溶剂分子进入纯溶剂内,此过程称为反渗透(RO)。

反渗透膜分离过程是利用反渗透膜选择性地透过溶剂(通常是水)而截留离子物质的性质。以膜两侧的静压差为推动力,克服溶剂的渗透压,使溶剂通过反渗透膜而实现对液体混合物进行分离的膜过程。因此,反渗透膜分离过程必须具备两个条件:一是具有高选择性和高渗透性的半透膜;二是操作压力必须高于溶液的渗透压。

世界上反渗透水处理装置的能力已达到每天数百万吨。现在采用反渗透膜淡化海水制取饮用水已成为最经济的手段。2000 年,在国家科技部重点科技攻关项目"日产千吨级反渗透海水淡化系统及工程技术开发"的支持下,1 000 t /d 级的反渗透海水淡化示范工程先后在山东长岛、浙江嵊泗建成。反渗透膜还应用于超纯水预处理,城市污水方面的处理,重金属废水、含油废水方面的处理。

3.2.2 微滤

微滤又称精过滤,微滤膜是历史上开发应用最早、使用最广泛的膜品种。微滤膜多为均质膜,具有比较整齐、均匀的多孔结构,孔径范围 0.02 ~ 20 μm。微孔滤膜可分为有机微孔滤膜和无机微孔滤膜。通常认为微孔滤膜的主要功能是用于分离液相或气相中大于 0.05 μm 的微粒或物质。微滤可截留细菌、重金属及其他固体悬浮物。基本原理属于筛网状过滤。在静压差的作用下。利用膜的"筛分"作用,小于膜孔的粒子通过滤膜,大于膜孔的粒子则被截留到膜面上,使大小不同的组分得以分离,其作用相当于"过滤"。由于每平方厘米滤膜中约含有 1 000 万至 1 亿个小孔,孔隙率占总体积的 70%~80%,阻力很小过滤速度较快。在工业发达国家,从家庭生活到尖端技术都在不同程度地应用微滤技术。微滤技术主要用于无菌液体的制备、生物制剂的分离、超纯水的制备以及空气的过滤、生物及微生物的检测等方面。微滤膜在城市污水处理和工业废水处理中也有很重要的作用,常用于水的软化、水的脱色等净化处理。微滤的操作模式如图 3-1 所示。

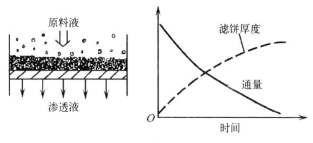

A. 无流动操作（静态模式）

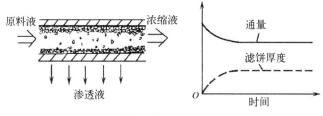

B. 错流操作（动态模式）

图 3-1　微滤的操作模式

1）无流动操作（静态过滤或死端过滤）

无流动操作是料液置于膜的上游，在压差推动下，溶剂和小于膜孔的颗粒透过膜，大于膜孔的颗粒则被膜截留，该压差可通过原料液侧加压或透过液侧抽真空产生。在这种无流动操作中，随着时间的增长，被截留颗粒将在膜表面形成污染层，使过滤阻力增加。随着过程的进行，污染层将不断增厚和压实，过滤阻力将不断增加。在操作压力不变的情况下，膜渗透通量将下降，如图 3-1A 所示。因此无流动操作只能是间歇的，必须周期性地停下来清除膜表面的污染层或更换膜。无流动操作简便易行，适于实验室等小规模场合。对于固含量低于 0.1% 的料液通常采用这种形式；固含量在 0.1%~0.5% 的料液则需进行预处理。

2）错流操作（动态过滤）

对于固体含量高于 5% 的料液通常采用错流操作。微滤的错流操作在近 20 年来发展很快，有代替无流动操作的趋势。这种操作类似于超滤和反渗透，如图 3-1B 所示。原料液以切线方向流过膜表面，在压力作用下通过膜，料液中的颗粒则被膜截留而停留在膜表面形成一层污染层。与无流动操作（静态过滤）不同的是料液流经膜表面时产生的高剪切力可使沉积在膜表面的颗粒扩散返回主体流，从而被带出微滤组件。由于过滤导致的颗粒在膜表面的沉积速度与流体流经膜表面时由速度梯度产生的剪切力引发的颗粒返回主体流的速度达到平衡，可使该污染层不再无限增厚而保持在一个较薄的稳定水平。因此，一旦污染层达到稳定，膜渗透通量就将在较长一段时间内保持在相对高的水平上，如图 3-1B 所示。当处理量大时，为避免膜被堵塞，宜采用错流设计。

3.2.3 超滤

超滤（UF）是一种能够将溶液进行净化、分离或浓缩的膜透过法分离技术，其过程是以膜孔径大小为标准的相关筛分过程，以膜两侧的压力差为驱动力，用超滤膜为过滤介质，在一定压力下，只允许水、无机盐及小分子物质透过膜而阻止水中悬浮物、胶体等大分子物质通过，达到溶液分离的目的。常用的超滤膜为非对称膜，它介于微滤和纳滤之间，表面活性层孔径为 1 ~ 50 nm，截留物的相对分子量下限为 6 000，其优点是产水水质稳定、自用水耗低、适应水质范围广、能有效除去大分子物质。缺点是投资大、折旧成本高。UF 膜由于实现了国产化，价格已经大大降低，由于占地省、易于实现自动控制，已经得到广泛应用。UF 膜多用于食品工业废水的处理和纺织工业脱浆水的处理等，从水中除去大分子物质、细菌、热源等有害物质，并用于回收淀粉酶和聚乙烯醇。它的主要用途如表 3-1 所示。

表 3-1　超滤膜的使用现状

领　　域	内　　容
工业废水的处理	回收电泳涂漆废水中的涂料、含油废水的处理；上浆液的回收、乳胶的回收、造纸工业废液的处理；采矿及冶金工业废水的处理
城市污水的处理水的净化	家庭污水处理、阴沟污水处理、饮用水的生产、高纯水的制备
食品与医药工业的应用	回收乳清中的蛋白质、牛奶超滤以增加奶酪得率、果汁的澄清、明胶的浓缩、浓缩蛋清中的蛋白质、屠宰动物血液的回收、食用油的精炼、蛋白质的回收、医药产品的除菌
生物技术工业的应用	酶的提取、激素的提取、从血液中提取血清白蛋白、回收病毒、从发酵液中分离菌体、从发酵液中分离 L-苯丙氨酸
其他应用	酿酒工业、化学工业

超滤的分离机理主要是靠物理的筛分作用。即在一定的压力作用下，当含有大、小分子物质溶质的溶液流过被支撑的膜表面时，溶剂和小分子溶质（如无机盐类）将透过膜，作为透过物被收集起来；大分子溶质（如有机胶体等）则被截留而作为浓缩

液被回收。超滤膜分离过程中由于高分子的低扩散性和水的高渗透，溶质会在膜表面积聚并形成从膜面到主体溶液之间的浓度梯度，这种现象被称为膜的浓差极化。为了减轻因浓差极化所造成的超滤通量减小，一般可采取如下措施：

（1）错流设计。浓差极化是超滤过程不可避免的结果。为了使超滤通量尽可能大，必须使极化层的厚度尽可能小。采用错流设计，即加料错流流动流经膜表面，可用于清除一部分极化层。

（2）提高流体流速，增加流体的湍动程度，以减薄凝胶层厚度。

（3）采用脉冲以及机械刮除法维持膜表面的清洁和对膜进行表面改性，研制抗污染膜等来尽量减少浓差极化现象。其原理示意图如图 3-2 所示。

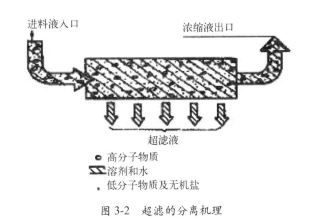

图 3-2　超滤的分离机理

3.2.4　纳滤

纳滤是近 20 年来在反渗透基础上发展起来的膜分离过程，是膜技术领域研究热点之一。纳滤（NF）膜是介于反渗透（RO）膜及超滤（UF）膜之间的一种新型分离膜，由于其具有纳米级（10^{-9}m）的膜孔径、膜上多带电荷等结构特点，因而从性能角度讲，NF 膜有两个基本特点。

（1）其截留分子量在 100~1 000 之间，并对二价及多价离子有很高的截留率。

（2）其操作压力在 0.4~1.5 MPa 之间，低于 RO 膜。纳滤膜常用于水的软化、水的脱色等净化处理。水作为一种战略资源正在得到前所未有的重视，国家发改委组织实施的《城市节水和海水利用高新技术产业化专项》从 2004 年开始分 3 年进行，国家发改委、科技部、商务部联合发布的 2004 年度《当前优先发展的高技术产业化重点领域指南》，也在新材料和资源综合利用领域把膜技术放到重要的位置。这些政策的出台对促进我国膜行业快速发展、整体水平提高起到了重大的推动作用。

3.3 膜分离技术的主要设备

膜技术是当代新型高效分离技术，是多学科交叉的产物，与传统的分离技术比较，它具有高效、节能、过程易控制、操作方便、便于放大、易与其他技术集成等优点。膜技术与膜设备已广泛而有效地应用于石油化工、能源、电子、医药卫生、生化、环境、冶金、轻工、食品和人民生活等领域，形成了新兴的高技术产业。在当今世界能源短缺、水资源匮乏和环境污染日益严重的情况下，膜技术与膜设备更得到了世界各国的高度重视，已成为推动国家支柱产业发展、改善人类生存环境、提高人们生活质量的共性技术。国外有关专家甚至把膜分离技术与设备的发展称为"第三次工业革命"。1998 年国外上网的膜和膜设备的生产厂家及经营公司达 452 家，据统计，1999 年世界各种膜过程中，膜与组件的销售额达 47 亿美元，1998 年为 44 亿美元。目前膜产品的世界年销售额已经超过 100 亿美元，而且年增长率在 20% 左右。

所有膜装置的核心部分都是膜组件，即按一定技术要求将膜组装在一起的组合构件。膜组件一般包括膜、膜的支撑体或连接物、与膜组件中流体分布有关的流道、膜的密封、外壳以及外接口等。在开发膜组件的过程中，必须考虑以下几个基本要求：流体分布均匀，无死角；具有良好的机械稳定性、化学稳定性和热稳定性；装填密度大；制造成本低；易于清洗；压力损失小。此外，在设计膜组件的结构时，还必须考虑传递阻力因素，应该注意传递阻力（特别是浓差极化和压力损失）在气态和蒸气体系中的重要程度完全不同于在液态体系中的重要程度。

3.3.1 管式膜组件

与毛细管膜组件和中空纤维膜组件不同，管式膜不是自支撑的。这种膜被固定在一个多孔的不锈钢、陶瓷或塑料管内，管直径通常为 6~24 mm，每个膜组件中膜管数目一般为 4~18 根，当然也不局限于这个数目。管式膜组件具体见图 3-3。

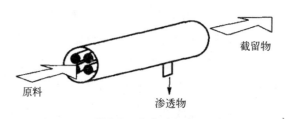

图 3-3 管式膜组件

管式膜组件的主要优点是能有效地控制浓差极化，流动状态好，可大范围地调节料液的流速；膜生成污垢后容易清洗；对料液的预处理要求不高并可处理含悬浮固体的料液。其缺点是投资和运行费用较高，单位体积内膜的面积较低。

3.3.2　中空纤维膜组件

膜组件中装配的中空纤维膜的直径要比毛细管膜细得多。中空纤维膜组件可用于超滤、反渗透和气体分离等过程。在多数应用情况下，被分离的混合物流经中空纤维膜的外侧，而渗透物则从纤维管内流出，即多数情况下外压使用。因此更为耐压，可以承受高达 10 MPa 的压差。

中空纤维膜组件与毛细管膜组件的形式是相向的，其差异仅仅在于膜的规格不同。中空纤维膜组件是装填密度最高的一种膜组件构型，可以达到 30 000 m^2/m^3。在膜组件中装有一个有孔的中心管，原料液从该管流入，这种情况下纤维呈环状排列并在渗透物侧予以封装。从外向内流动式的一个缺点是可能发生沟流，即原料倾向于沿固定路径流动而使有效膜面积下降。采用中心管可以使原料液在腔内分布得更为均匀，从而提高膜面积利用率。中空纤维膜组件具体见图 3-4。

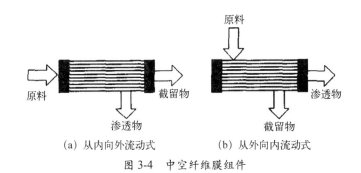

(a) 从内向外流动式　　　　　(b) 从外向内流动式

图 3-4　中空纤维膜组件

3.3.3　板框式膜组件

板框式膜组件可用于反渗透、微滤、超滤和渗透汽化等膜过程。这种膜组件构型与实验室用的平板膜最接近。在所有的板框式膜组件结构中，基本的部件是平板膜、支撑膜的平盘与进料边起流体导向作用的平盘。将这些部件以适当的方式组合堆叠在一起，构成板框式膜组件。

另外一种形式是板框式膜堆。它是由两张膜一组构成夹层结构，两张膜的原料侧相对，由此构成原料腔室和渗透物腔室。在原料腔室和渗透物腔室中安装适当的间隔器。采用密封环和两个端板将一系列这样的膜组安装在一起以满足一定的膜面积要求。这便构成板框式膜堆。板框式膜组件流道见图 3-5。

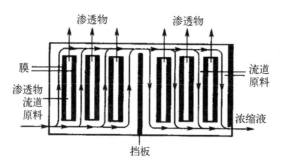

图 3-5　板框式膜组件流道示意图

3.3.4　螺旋卷绕式膜组件

膜组件中最重要的类型是螺旋卷绕式膜组件。它首先是为反渗透过程开发的，但目前也被用于超滤和气体分离过程。图 3-6 是卷绕式膜组件的构造示意图。从图可以看出，在卷绕式膜组件中，一个（或者多个）膜袋与由塑料制成的隔网配套，按螺旋形式围着渗透物收集管卷绕。膜袋是由两层膜构成的，两层膜之间设有多孔的塑料网状织物（渗透物隔网）。膜袋有 3 面是封闭的，第 4 面（即敞开的那一面）接到带孔的渗透物收集管，原料溶液从端面进入，按轴向流过膜组件，而渗透物在多孔支撑层中按螺旋形式流进收集管。要说明的是，进料边隔网并不只是起着使膜之间保持一定间隔的作用，至少还对物料交换过程有着重要的促进作用（在流动速度相对较低的情况下可控制浓差极化影响）。组件的装填密度比板框式膜组件高，但这也取决于流道宽度，而该宽度由原料侧和渗透物侧之间的隔网决定。这种隔网对传质和压降有很大的影响。因此，螺旋卷绕式膜组件在应用中已获得很大程度的成功，因为它们不仅结构简单、造价低廉，而且相对来说不易污染。

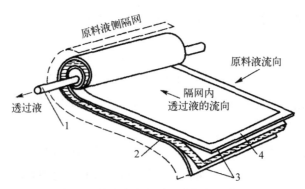

图 3-6　螺旋卷绕式膜组件构造示意图

1—透过液集水管；2—透过液隔网，3 个边界密封；3—膜；4—密封边界

3.4 膜分离技术在水产品中的应用

膜分离过程与传统的化工分离方法（如过滤、蒸发、蒸馏、萃取等过程）相比较，有很多优点。用于水产品加工业的优越性主要有：

（1）膜分离过程的能耗比较低。大多数膜分离过程都不发生相态变化，由于避免了潜热很大的相变化，因而能耗比较低。

（2）分离过程在密闭系统中、常温下即可进行，无相变，过程避免和减轻了热和氧对风味物质和营养成分的破坏，挥发性成分及热敏性物质损失减少。

（3）分离过程兼有杀菌和脱腥、脱臭的作用。

（4）可用于多种类料液的分离、浓缩、纯化、澄清等工艺过程。

（5）操作费用低于蒸发浓缩和冷冻浓缩。

（6）分离系数大、应用范围广。膜分离不仅可以应用于从病毒、细菌到微粒的有机物和无机物的广泛分离范围，而且还适用于许多特殊溶液体系的分离，如溶液中大分子与无机盐的分离、共沸点物或近沸点物系的分离等。

（7）工艺适应性强，膜分离的处理规模根据用户要求可大可小。

（8）便于回收，在膜分离过程中分离与浓缩同时进行，便于回收有价值的物质。

（9）没有二次污染。分离与浓缩同时进行，膜分离过程中不需要从外界加入其他物质，避免了二次污染。

3.4.1 在水产调味液加工中的应用

改革开放以来，人们的生活水平不断提高，饮食习惯也有很大改变，其中对水产品的消费需求量更是逐年增加。我国是一个渔业大国，水产品年产量多年位居世界首位，但水产加工中产生的大量下脚料及废弃物，如鱼类加工中的各种废弃液、贝类加工中的贝边等，长期以来未得到有效、合理利用，不仅污染环境，而且造成资源浪费。经研究，水产废弃物再利用不仅可以有效增加水产品的整体效益，还可以保护环境。水产品蒸煮废液中含有大量的蛋白质，大部分属于水溶性蛋白，这一类蛋白质含有丰富的核苷酸类和小肽，在呈味中起主要作用，同时还含有杂物以及腥苦味成分，如果能经过一定的加工，除去其中所含的杂物以及腥苦味成分，这样加工出来的天然调味产品香气浓郁、味道鲜美。因此，充分利用水产品废液加工成为水产调味料具有良好的发展前景和重大意义。

许多国家的水产加工企业都已意识到利用鱼、贝类煮汁制造水产天然调味料前景广阔。但传统的加热浓缩工艺因存在原料易氧化、风味物质损失严重等诸多缺点，致使产品档次和质量难以提高，而且操作能耗大，也影响企业的经济效益。用超滤、反渗透和纳滤等膜分离技术取代传统的蒸发浓缩、消除异味及加热杀菌等工艺，可以克服上述缺点。据报道，日本早在20世纪80年代中期就已开始研究膜分离技术在以水产品的煮汤为原料生产水产类天然调味料方面的应用，试验原料包括扇贝、虾蟹、沙丁鱼、章鱼、墨鱼等的煮汤。

大量试验表明，在水产废液蛋白质的回收中，普通方法的回收效率往往很低。但日本学者神保尚幸进行了从鱿鱼蒸煮废液中用酶反应配合膜分离技术生产调味液的试验，为进一步推动水产调味液的研究和生产提供了帮助。在膜分离技术中，超滤（UF）及反渗透（RO）较适合用来生产水产调味液，若将这两种膜进行适当组合，再加以合适的蛋白质水解酶，即可形成一个酶—膜反应器，不仅可以提高酶反应的速率，又可以有效去除杂质，保证调味液纯正的风味。

水产调味料可用传统的筛网过滤法进行生产，但这种方法制得的产品腥苦味成分未得到有效去除，色泽也不好，而且在放置时间较长后特别容易出现沉淀分层的现象，若再采用活性炭进行脱色，不仅会造成氨基酸及小分子肽类物质的损失，还会损失很多风味成分，从而对成品的风味等感官指标以及营养价值造成很大影响。而采用膜分离技术可除去酶解液中的高分子物质、微粒成分和胶体等物质，截留腥、苦味成分，使之不能进入调味液中，进而生产出具有纯正风味、品质较高的水产调味液。如有学者采用截留分子量为30 000 Da的中空纤维超滤装置对调味液进行处理，得到的透过液呈浅黄棕色，整体澄清透明，由于有效截留了腥苦味成分，透过液的风味比酶解原液风味更加纯正，且具有浓郁的海鲜风味，从而大大提高了产品的感官品质。而在超滤过程中，控制温度40℃左右，操作压力0.05～0.10 MPa，料液pH 7.0，并采用透过液间断循环冲洗的方法，可有效地提高膜分离效率，保证相对高的膜透过速率。

在超滤–纳滤膜集成提取工艺中，采用超滤膜分离技术除蛋白，与传统的除蛋白工艺相比，不仅避免消耗酸碱和重金属，不会对用作食品、生物试剂的海藻糖产生二次污染，经过超滤，海藻糖透过率高达93%，蛋白质截留在98%以上，且截留得到的蛋白和多肽混合物与离心分离的废酵母经酶法自溶，再经离心过滤，将所得的上清液进行真空浓缩得到膏状产品，或经喷雾干燥得粉状产品，即为酵母味素。酵母味素是一种天然调味料，具有营养丰富、味道纯厚，香气浓郁等特点，为酵母的综合利用提供一个值得借鉴的好方法。纳滤浓缩、脱盐替代常规的离子交换除盐、蒸发浓缩两个单元操作，改善了酸碱再生树脂所带来的大量无机废水污染环境的缺点，同时大大节约溶剂回收的费用，实现清洁无污染生产。Conidi（2011）、Fikar（2010）、Drioli（2004）

等分析了纳滤预浓缩过程渗透通量衰减较快的原因，发现膜表面的氨基酸、无机盐形成的污垢层是主要原因，渗滤过程起到了较好的纯化作用，和预浓缩过程比较，膜分离特性差别较大。

辽宁省科技厅组织海产品加工和膜技术应用方面的专家，对大连水产学院承担的"利用贝类加工副产品制造水解动物蛋白"研究课题进行了鉴定。该课题采用复合酶分段水解和膜分离技术，利用扇贝边生产水解动物蛋白，提高了各项质量指标；而且膜技术的应用，还解决了酶解水产调味品的腥味、苦味、臭味等技术问题，提高了水解动物蛋白产品的档次，此项目成果受到了与会专家的一致好评。

3.4.2 在藻类多糖及醇等物质提取方面的应用

海藻糖是由两个葡萄糖分子结合成的非还原性双糖，广泛存在于酵母、霉菌、昆虫和植物体内，尤其在酵母中含量丰富，干基含量可达 16%以上。传统的海藻糖提取工艺采用乙醇溶剂从酵母中提取，然后经重金属盐除蛋白，再经离子交换、真空浓缩、乙醇结晶、干燥制得，但存在有机溶媒消耗量大、溶剂回收困难、生产成本高且产生大量无机废水污染环境等缺点、与常规提取方法相比，膜分离技术具有分离效率高、条件温和、流程简单、能耗小、清洁无污染等优点，因此近年来发展尤为迅猛。将膜分离技术应用于活性物质的分离纯化研究也十分活跃，是膜分离技术重点推广的应用领域之一。海洋生物多糖的分离提取工艺包括微生物发酵，超滤除去微生物，酶液与底物溶液一起在反应器中反应，然后再以超滤除去高分子物质，如酶、糖；浓缩低分子组分，分级得到不同分子量的海藻生物多糖。

韩少卿等（2005）采用超滤–纳滤膜集成技术对活性干酵母溶液中的海藻糖进行提取研究，其提取工艺如图 3-7 所示。结果表明：截留分子量（MWCO）为 5 000 的卷式芳香聚酰胺超滤膜可截留约 98%以上的蛋白质，起到纳滤预处理的作用。MWCO为 300 的卷式芳香聚酰胺纳滤膜对超滤液进行纳滤预浓缩和渗滤操作，发现浓缩过程通量随压力的增加而增加，随浓缩时间的延长而迅速下降，海藻糖截留率变化不大；而且渗滤过程表明渗透通量随渗滤时间的延长略有增加，海藻糖截留率变化不大。经过超滤–纳滤处理，海藻糖提取率达 85%以上，纯度为 99.4%，产品质量和收率优于传统乙醇提取方法。

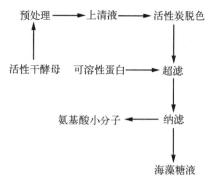

图 3-7 超滤-纳滤集成膜过程提取海藻糖的工艺流程

羊栖菜是一种重要的海藻资源，主要分布在暖温带—亚热带海域，属褐藻门马尾藻科。羊栖菜多糖是羊栖菜中富含的一种多糖类物质，主要由充填在细胞壁间的褐藻胶和褐藻糖胶以及存在于细胞质中的极少量的褐藻淀粉组成，其具有促进造血功能、增强免疫功能、抗肿瘤作用，还可有效预防"三高"。提取羊栖菜多糖所用的原料羊栖菜一般是从海里采收后不作具体处理，直接进行晒干的，因此往往含有较多的盐分。而过菲和林文川（2002）采用中空纤维超滤技术（截留分子量 6 000 Da，入口压力 1.00 ~ 1.09 MPa，出口压力 0.40 ~ 0.46 MPa，操作温度 13 ~ 15℃）提取羊栖菜多糖，结果表明，采用超滤对羊栖菜粗多糖提取液进行处理后，达到了非常好的脱盐效果，脱盐率高达 99.9%；此外羊栖菜粗多糖提取液中一部分可溶性色素随着超滤的进行而进入透过液，料液颜色较未处理提取液浅，从而达到了脱色的效果；采用超滤技术，提取过程中既在一定程度上浓缩了羊栖菜粗多糖提取液，从而增加了主要成分褐藻胶及褐藻糖胶的含量，又有效地保留了羊栖菜粗多糖提取液中的生理活性物质。

甘露醇是一种己六醇，在医药上是良好的利尿剂，可降低颅内压、眼内压及治疗肾病，也是良好的脱水剂、食糖代用品，常用作药片的赋形剂及固体、液体的稀释剂。我国利用海带提取甘露醇已有几十年历史，其传统工艺是离心水洗重结晶法，这种工艺简单易行，但受到原料资源、提取收率、气候条件和能源消耗等限制，且由于海带浸泡液中还含有许多的杂质，如悬浮物、泥沙、有机物、无机盐、褐藻糖胶和色素等，单纯靠活性炭吸附以及水洗离心等方法很难全部去除干净，故长期以来，其发展受到制约，我国生产的甘露醇在品质方面（如色泽、纯度）与国外产品相比还是存在明显不足的。但很多学者一直在为提高甘露醇品质做着不懈的研究。滕怀华和李成勇（2002）及薛德明等（2003）采用中空纤维超滤装置对传统的纯化工艺做了很大的改进，其结果表明原料料液经过超滤处理后，其中所含的活性炭、海带糖胶、微粒物质等杂质明显减少，而且料液经超滤处理后，其颜色由微黄变为无色，脱色效果良好，证明用超滤技术纯化甘露醇的效果比较明显。从而有效地提高了甘露醇的质量，提高了我国甘露醇在国内外市场上的竞争力。

3.4.3 对章鱼胺的分离与提纯

章鱼胺（Octopamine，简称 OA，别名：奥克巴胺、真蛸胺）是脊椎动物激素去甲肾上腺素的一个同类物，具有对-羟苯-β-羟乙胺的化学结构，分子式为 $C_8H_{11}NO_2$，分子量为 153.176。章鱼胺是一种海洋生物活性物质，为微黄色粉末状，最早是 1951 年由苏联科学家 Espamer 和 Boretti 在真蛸的唾液腺体中发现而得名。它是一种防治肥胖症和 II 型糖尿病的 β_3-肾上腺素受体激动剂，对激活胰岛素释放敏感性发挥作用；具有调节人体新陈代谢、保持血糖平衡、抑制食欲、提高注意力等特殊的药理作用和生理功能，是目前防治肥胖症和 II 型糖尿病的无毒无害、安全可靠的天然海洋活性物质。由于受技术和设备限制，长期以来国外都用化学合成法生产价格高昂的章鱼胺（500 元/g），国内外至今未见有关实现工业化生产的报道，尤其是纯物理膜分离法提取章鱼胺的先例。因此，从水产品鱼类、贝类、甲壳类、头足类章鱼及其下脚料中提取生物活性高的纯天然章鱼胺是世界各国专家学者长期研究的前沿课题。厦门东海洋水产品进出口有限公司最先对章鱼胺进行膜分离提取研究，其设备及工艺流程为：真蛸下脚料粉碎→稀释浆液→固液分离→一级陶瓷膜微滤分离→二级卷式膜超滤分离→反渗透浓缩→大孔树脂吸附纯化→乙醇洗脱→真空冷冻干燥→纯化→天然章鱼胺粉末。采用真空冷冻干燥技术干燥能够防止天然章鱼胺高温干燥变性、变色，保持了产品有效成分的固有特性。

3.4.4 水产品加工废水的处理和营养成分的回收与利用

随着水产加工品需求量的日益增加，加工废水和废液也逐年增加。由于加工废水和废液的化学需氧量（COD）及生物需氧量（BOD）值颇高，若将其随意排放，会造成环境的污染；另外，部分废水和废液中还含有较多的蛋白质、多肽、核苷酸、矿物质等营养成分和风味成分，有很高的利用价值，直接丢弃也是浪费。因此，随着人类环保意识和合理利用水资源意识的不断提高，加强排放水的处理工作、将其中的营养物质进行回收再利用已成为各加工企业必须解决的任务之一。膜分离技术为这些废水和废液的处理及营养物质的回收提供了有效的技术和方法。

日本水产、日本电工等研究单位进行了从青鱼籽加工废液、狭鳕鱼肉漂洗水和煮汁中回收有价值物质的研究工作，并找出了 UF 操作压力和透过流速对膜通量的影响规律；Bourtoom 等（2009）研究了用超滤法回收鱼糜废水中可溶性蛋白，回收的蛋白质分子量大部分介于 23.2 kDa 和 71.6 kDa 之间，少部分小于 23.2 kDa。

海藻加工企业是一类用水量很大的企业。每生产 1 t 褐藻胶需耗自来水近 100 t，同时又是一类废水排放量很大的企业。在我国有不少企业将提碘后的海带浸泡水作为工业废水直接排放。这不仅严重污染生态环境，而且使宝贵的药用原料甘露醇白白地浪费。据统计，目前全国海藻加工企业有 30 多家。其中 2/3 以上的企业，天天排放这种废水，年排放量达上百万吨，造成了水和甘露醇资源的大大浪费。对该种废水进行资源化处理，从中提取甘露醇的传统方法是离心水洗重结晶法，既耗能高又费力，而且生产成本高，得率低。海带浸泡水中的甘露醇含量仅在 1% 左右，制备 1 t 甘露醇大约需耗蒸汽 60 t。由于传统工艺生产成本高，企业经济效益低，甚至还要亏损。因此，改革落后的传统生产工艺势在必行。国家海洋局杭州水处理中心历时多年开发成功了膜法集成技术制取甘露醇的新工艺，对传统工艺进行了突破性改造，取得了很好的社会效益和经济效益。该项膜集成工艺制取甘露醇新技术采用了多项国家发明专利技术，例如对海带浸泡水进行絮凝和固液分离方法的预处理技术，采用超滤净化、电渗析脱盐和反渗透预浓缩的膜集成工艺制取甘露醇技术，电渗析电极技术等。在经过小试、中试研究、工业化工艺参数试验研究取得成功的基础上，2001 年 12 月在青岛胶南明月海藻工业有限责任公司建造了世界上第 1 条年产 1 000 t 甘露醇的示范工程。

3.4.5　在水产蛋白酶解物的分离纯化方面的应用

近年来，生物活性肽的研究引起了国内外众多学者的关注，生物活性肽是指那些具有特殊的生理活性的肽类，按其主要来源，可将生物活性肽分为天然存在的活性肽和蛋白质酶解活性肽。天然活性肽大部分产量微小，或者提取较难；化学合成又费力费时，因此，人们更多地开始关注开发蛋白酶解产物这条途径。而且随着人类对海洋生物资源重要性的认识，海洋蛋白源已成为开发生物活性肽的重要资源之一。

为了从蛋白酶解物中获得具有高活性的生物活性肽，许多学者做了试验研究，结果发现，膜分离技术可以有效地纯化蛋白质酶解物，提高生物活性肽制品的生理活性。Joen 等（1999）对鳕鱼蛋白水解物进行超滤处理，得到了 3 个部分的具有明显生理活性的肽类片段，相对分子质量为 10～30 kDa 的肽片段具有优良的乳化特性和搅打性能，3～10 kDa 的肽片段抗氧化性能很高，而小于 3 kDa 的肽片段具有优越的 ACE 抑制因子的功效。张艳萍等（2010）采用不同截留分子质量的超滤膜对紫贻贝酶解物进行超滤分离，确定了一级超滤的条件，并比较超滤前后酶解物的 ACE 抑制活性、分子量分布及组成变化。结果表明：采用操作压力 138 kPa，操作温度 25℃，料液浓度 15 g／L 的超滤条件，截留分子质量为 10 kDa 的超滤膜能将紫贻贝酶解物的 ACE 抑制率提高到 89.42％，IC$_{50}$ 也降低到 40.03 μg／mL；同时，一级超滤能够有效截留多糖化合物，而富集多肽，但对于表观分子量分布没有显著影响。

海洋生物体内还存在着具有很高的抗肿瘤、抗菌、抗病毒以及抗凝血等活性肽类和蛋白质，如从鲨鱼肝脏中分离到的一种肝刺激物质，可以明显抑制乙肝病毒模型鸭血清中 HBV 的 DNA 水平，并可以显著抑制 CCl$_4$ 致肝损伤模型小鼠血清中 ALT 和 AST 活性，具有明显的保肝护肝功能。宋丽娜等（2007）采用均浆—热提—超滤—凝胶过滤层析离子交换层析的技术路线，从 1 kg 鲨鱼幼肝中分离得到 30～50 mg 的肝刺激物质（sHSS），其纯度达 90%以上，可以满足后续临床药学研究对样品的要求。贻贝粉酶解液的分离处理至关重要，直接影响到最终产品的质量、特性及使用价值。采用传统的筛网过滤法制得的汁类调味料，除腥苦味重、色泽不佳外，在放置过程中常易出现沉淀分层现象，用这种滤液制得的粉末状制品，则粉体粗糙，外观、色泽不佳，有腥苦味，易吸潮、结块。采用离心法处理，可有效去除颗粒性杂质、某些大分子不溶性物质、有机胶体等，但酶解液仍较混浊，且色泽、风味没有太大改观，还需进一步用大量活性炭处理。而采用活性炭脱色，除氨基酸、小分子肽有一定损失外，某些风味成分也有损失，从而影响成品的营养价值。超滤分离作为一种无污染、低能耗的高新技术，日益受到国内外研究者的关注。汪涛等以聚砜中空纤维为膜材料的超滤装置对扇贝边酶解液进行分离，分析了酶解液超滤分离过程中的影响因素，并在超滤过程中采用间断循环清洗的方法，可提高膜分离效率。经超滤的酶解透过液在色泽、风味、澄清度等方面均理想，营养成分保持较好，氨基酸态氮保存率较高，可达 92.9%，曲敬绪和张国亮（2001）采用离子交换膜电渗析处理鱼粉废水的脱盐，在技术上是可行的，采用盐酸调其等电点和利用国产均相膜，可使鱼粉废水的脱盐率达 90%以上，其有机物的损失率可控制在 2%以下。

3.5 膜分离技术发展前景与展望

3.5.1 膜分离技术存在的问题

膜分离技术在水产加工中虽然已有较多研究，但离真正实用化还有一定差距，这主要是由于膜系统的运行周期、膜组件的清洗和再生等相关技术性和经济性问题还有待进一步解决。

1）新型膜材料、膜组件的开发

水产类原料中蛋白质等大分子物质含量较高，在膜分离过程中极易使膜产生浓差极化和堵塞，从而使膜清洗次数增加，使用寿命缩短。因此，应用于水产品加工中的膜分离装置宜采用耐污染、性质更稳定的亲水高分子膜组件。由于水产类料液中富含营养成分，适宜微生物的繁殖，采用具有耐高温、耐微物侵蚀、化学稳定性好、机械强度高、孔径分布窄等特点的无机膜组件也大有前景。

2）合理设计操作系统，使膜面浓差极化和膜堵塞的程度最小

在实际生产操作过程中，如果生产系统的膜组件和管路设计不合理，就会影响料液的流速及流向，从而导致膜面的浓差极化现象和膜堵塞现象加重，同时也会影响泵的工作效率。因此，在今后的研究中有必要将实际生产与理论设计结合起来，研究设计出合理实用的膜组合生产操作系统。

3）开发合理有效的料液前处理技术

物料中悬浮颗料及大分子物质含量的多少，会直接影响到膜组件的污染程度、分离效果及其有效工作时间。因此合理有效的前处理工序非常重要。可结合过滤、离心、絮凝沉淀等分离过程，进行前处理研究，以去除料液中的悬浮颗粒及大分子物质，降低膜组件的污染程度，并延长其有效工作时间。

4）适合于水产加工业的膜清洗方法和清洗剂的开发有待进一步研究

膜的清洗方法主要包括化学清洗和物理清洗。膜的清洗和消毒不仅可以恢复膜通量，也是防止物料变质及延长膜寿命的重要保证，水产类物料的膜分离装置中使用的清洗剂和消毒剂，必须符合食品卫生标准的要求。在今后的研究工作中，必须按以上原则，研究出更廉价、有效的清洗剂和消毒剂

3.5.2　新型膜分离技术的发展前景

随着膜技术的广泛应用，为了满足不同工艺的应用，提高膜的工作性能，降低膜成本，新型的膜分离技术得到了更深入的发展。新型膜技术主要是为了提高膜的工作性能，包括增加膜通量、减轻膜污染、降低压力驱动消耗等，而采用的多种多样的方法。例如，采用改变透过液的流体动力学条件、流动方向和流速及膜的纵向振动等方法来促进流体的紊流度来增加通量，另外可以通过改变膜表面电荷或利用外加电场来改进膜工作性能。

1）渗透汽化膜

渗透汽化膜（渗透蒸发，Pervaporation，简称 PV）是指利用料液中各组分进入膜侧表面，根据不同的高分子膜对不同种类的气体分子透过率和选择性不同，以膜下游侧负压为推动力，使在膜中溶解度和扩散系数较大的组分优先透过膜，达到混合物分离的新型膜分离技术。渗透汽化技术操作简单、无污染，能耗和运行成本低，分离过程中无需外加恒沸剂、萃取剂等组分，不受汽液平衡限制，可分离恒沸物，分离过程不受多元组分的影响，更适合混合溶剂中水的脱除。如适合于醇类和水的分离、酯类有机物脱水、醚类有机物中水分的脱除、混合溶剂中水分的脱除以及水中有机物的脱除。王晴等（2011）采用曲松钠生产过程中的异丙醇回收进行了实验，并与原有的盐萃取回收工艺进行了比较。实验考察了渗透汽化膜的脱水分离性能，并为工业设计提供基础性数据。结果表明，含水量为 15%（质量分数，下同）的异丙醇经渗透汽化膜脱水后得到含水量 1% 的异丙醇，处理量为 6 000 kg/d，该工艺具有低能耗、低污染的优势。MTR 公司利用自行研发的渗透汽化膜，分别以四氯化碳、己烷同分异构体和 1-辛烷混合液作为典型污染物进行分析研究，来测试膜的运行性能。结果表明，采用四氯化碳为典型污染物，连续运行 9 次，进水体积分数为 43~99 μl/L 时，四氯化碳的去除率可达到 90%。当采用己烷的同分异构体和 1-辛烷混合液作为污染物时，运行 6 次，总进料体积分数为 350~1 400 μl/L 时，有机污染物去除率可达 88%~91%。

2）液膜

液膜技术是将互不相容的两相（如表面活性剂与煤油）在高剪切力下制成乳状液，再将此乳状液分散于第三相（内相如 NaOH）中，则介于乳状液球中被包裹的内相与连续外相之间的这一相就叫液膜。乳状液膜技术以比表面积大、分离效率高、分离浓缩同步完成、可重复使用、高选择性和高效能等优点而受到广泛关注，许多学者利用不同基材制取了各种液膜，应用在各种新领域，都取得了良好的处理效果。姜承志等（2010，2011）乳状液膜法提取红土矿浸出液中的 Ni（Ⅱ），确定膜相组成、内相试剂浓度、油相内水相体积比和乳水体积比等。乳状液膜法提取红土矿浸出液中 Ni（Ⅱ）的最佳条件为：膜相组成为 Span-80：TBP：石蜡：煤油（体积比）=5：4：2：89，内水相氨水浓度 2 mol/L，油相内水相体积比 1：1，乳水体积比 1：3。在此条件下，经过二级提取后，红土矿浸出液中 Ni（Ⅱ）的提取率可达 80%。汪华明等（2010）采用乳状液膜对海水中溴进行提取分离，考查了表面活性剂的用量、内水相浓度、乳水比、油内比等因素对提取性能的影响。结果表明，以民用煤油为溶剂，0.54%体积分数的 L-113A 为表面活性剂，内相为 0.05 mol/L 的 Na_2CO_3，油内比为 1∶1，制乳时间为 18 min，萃取接触时间为 8 min，乳水比 1∶40，浓海水溴的提取率达到 99.4%，表明乳状液膜能有效地从海水中提取溴。

3）动态膜

动态膜是指由一些大孔径网膜材料与某种固体悬浮物通过网膜材料时被截留而形成的分离层（动态层）共同组成的膜材料。其中大孔径网膜材料主要起到支撑作用，而实际起到分离污染物或活性污泥作用的则是动态膜中的分离层。分离层具有分离污水中污染物及微生物的作用，一般是由涂层材料或污水中的微生物及其代谢产物附着在支撑层上形成的，或由两者共同组成。动态膜的形成过程实质上就是膜的污染过程，是利用运行过程中在网膜表面形成的污泥层起到截留作用的一种新工艺。该工艺大幅降低了膜组件的造价，膜污染更容易得到有效控制。

3.5.3　膜分离技术在水产品工业应用中的展望

膜分离技术在水产品深加工方面的应用已得到很多学者的关注，但这与膜分离技术在整个食品工业中的应用研究相比，其在水产品加工方面的应用与研究形式仍旧比较单一，且新型的膜分离技术目前大部分处于实验室规模，故有待于进一步研究创新和普及。随着研究的深入，未来膜分离技术的规模化应用必将为食品工业的发展起到巨大的推动作用。开发海洋、充分利用海洋资源是当今科技发展的重要方向。膜分离技术（包括微滤、超滤、纳滤、膜分离技术集成、膜分离与其他技术集成）是 21 世纪现代分离技术中重点研究、开发和应用的技术之一，因其在常温下操作、无相变、能耗低等优点，特别适用于热敏性物质和生物活性物质的处理，因而在海洋天然产物有效成分分离提取中有着极为广阔的应用前景。当然在膜分离技术应用过程中也存在着一些问题，如膜通量衰减、膜污染等。但可以相信，随着膜材料和膜分离技术不断系统、深入的研究，适合于不同天然产物为对象的新的膜材料、新的膜分离过程及膜集成技术、膜与其他分离集成技术一定会不断开发出来，膜科学技术必将在海洋天然产物分离现代化进程中发挥更重要的作用。

本章小结

1. 膜是指在一种流体相内或者是在两种流体相之间有一层薄的凝聚相，它把流体相分隔为互不相通的两部分，并能使这两部分之间产生传质作用。

2. 膜技术是多学科交叉的产物，与传统的分离技术比较，它具有高效、节能、过程易控制、操作方便、便于放大、易与其他技术集成等优点。所有膜装置的核心部分都是膜组件，即按一定技术要求将膜组装在一起的组合构件。膜组件一般包括膜、膜的支撑体或连接物、膜组件中流体分布有关的流道、膜的密封、外壳以及外接口等。

3. 膜分离技术在水产品中的应用有很多优点：分离过程的能耗比较低，常温下进行，无相变，分离过程兼有杀菌和脱腥、脱臭的作用，工艺适应性强，没有二次污染等。在水产调味液加工、藻类多糖及醇等物质提取、活性成分及特定成分的分离与提纯、水产品加工废水的处理和营养成分的回收以及水产蛋白酶解物的分离纯化方面的应用很广泛。

4. 膜分离技术存在的问题主要体现在膜系统的运行周期、膜组件的清洗和再生等相关技术性和经济性等，通过新型膜材料、膜组件的开发，合理设计操作系统，开发合理有效的料液前处理技术，开发适合于水产加工业的膜清洗方法和清洗剂等的解决。

5. 渗透汽化膜、液膜、动态膜等新型膜技术主要是为了提高膜的工作性能，包括增加膜通量、减轻膜污染、降低压力驱动消耗等，而采用的多种多样的方法，例如采用改变透过液的流体动力学条件、流动方向和流速及膜的纵向振动等方法来促进流体的紊流度来增加通量，另外可以通过改变膜表面电荷或利用外加电场来改进膜工作性能。

思考题

1. 简述膜分离技术的概念。反渗透、微滤、超滤、纳滤各有何特点？

2. 膜分离技术的特性有哪些？

3. 膜分离技术存在的问题有哪些？该如何解决？

4. 除了文中提到的膜分离技术在水产品中的应用实例外，还有哪些具体的应用？请查文献整理一篇综述。

第4章 分子蒸馏技术及其在
水产品中的应用

教学目标

1. 了解：分子蒸馏技术概念及原理；分子蒸馏技术在水产品工业中的应用前景。

2. 理解：分子蒸馏的特点及影响因素；分子蒸馏技术主要设备及特点；分子蒸馏技术存在的问题。

3. 掌握：分子蒸馏技术的过程，分子蒸馏技术在水产品加工中的应用。

分子蒸馏技术是一种液–液分离技术。属于一种特殊的高真空蒸馏技术，其最显著的特点是蒸馏物料分子由蒸发面到冷凝面的行程不受分子间碰撞阻力的影响，蒸发面与冷凝面之间的距离小于蒸馏物质分子在该条件下的分子运动平均自由程。分子蒸馏具有操作真空度高、操作温度低、受热时间短、分离程度高、工艺清洁环保等特点。分子蒸馏技术不使用任何有机溶剂，不产生任何污染，被认为是一种温和的绿色操作工艺。分子蒸馏技术在水产品中的应用主要体现在分子蒸馏法制备鱼油多不饱和脂肪酸、纯化 DHA 藻油、尿素包合法联合分子蒸馏技术提纯乙酯化鱼油、卤虾油营养成分的分子蒸馏法提取等。本章主要介绍分子蒸馏技术的相关概念，分子蒸馏的原理、特点、类型与应用；叙述分子蒸馏技术的过程，分子蒸馏技术在水产品中的应用；最后介绍分子蒸馏技术还存在的问题以及分子蒸馏技术在水产品工业的发展前景。

4.1 分子蒸馏技术的基本概念及发展历程

蒸馏是实现分离的一种最基本的方法，可实现固体和液体或液体和液体混合物的分离。常规蒸馏的过程中，对较易分离或分离要求不高的物系，可采用简单蒸馏；对温度不敏感、黏度适中较难分离的物系，可采用精馏或特殊精馏；而对于热敏性、高沸点、高黏度物质的分离或浓缩，受热温度和停留时间是影响其热分解（热聚合）的两个决定性因素；King 研究发现物质的热分解程度与受热温度成指数关系，与受热区停留时间成正比。由克劳修斯-克拉伯龙方程得知，物质的沸点随外压的降低而降低，因此，可通过降低蒸馏操作压力以降低物料的操作温度，即所谓的真空蒸馏（减压蒸馏）。但由于蒸馏单元内大量液体产生的静压差以及蒸馏单元与冷凝器间的管道效应等原因，阻碍了蒸馏单元内压力的进一步降低。对于沸点高、热不稳定、黏度高或容易爆炸的物质，并不适宜使用普通减压蒸馏法，于是，一种新的分离技术——分子蒸馏技术也相应产生。

分子蒸馏技术（molecular distillation，MD）最早可以追溯到第二次世界大战以前，是伴随真空技术和真空蒸馏技术发展起来的一种液-液分离技术。它属于一种特殊的高真空蒸馏技术，其最显著的特点是蒸馏物料分子由蒸发面到冷凝面的行程不受分子间碰撞阻力的影响，蒸发面与冷凝面之间的距离小于蒸馏物质分子在该条件下的分子运动平均自由程。Hickman 博士是该技术最早的发明人之一，早在 1920 年，他就利用分子蒸馏设备做过大量的小试实验，并将该方法发展到中试规模。当时的实验装置非常简单：在一块平板上将欲分离物质涂成薄层使其在高真空下蒸发，蒸气在周围的冷表面上凝结。操作时使蒸发面与冷凝面的距离小于气体分子的平均自由程，从而气体分子彼此发生碰撞的几率远小于气体分子在冷凝面上凝结的几率。因此，这种简单的蒸馏方法在美国首先以“分子蒸馏”的概念出现，并沿用至今。20 世纪 30 至 60 年代，是分子蒸馏技术的研发时代，至 60 年代末，德、日、英、美及苏联均有多套大型工业化装置投入工业化应用。但由于相关技术的发展还很落后，致使当时分子蒸馏技术及装备在总体上还不够完善。例如，分子蒸馏蒸发器的分离效率还有待提高，密封及真空获得技术还有待改进，应用领域还有待拓展，分离成本还有待降低等。所有这些都是后来的研究者改进的方向。从 20 世纪 60 年代至今的 50 多年来，各国研究者均十分重视这一领域的研究，不断有新的专利和文献出现。同时，也出现了一些专业的技术公司专门从事分子蒸馏器的开发制造，使分子蒸馏技术的工业化应用得到了进一步发展。目前，世界各国应用分子蒸馏技术纯化分离的产品达 150 余种，特别是对于一些高难度物质的分离，该项技术显示了十分理想的效果。我国对分子蒸馏技术的研究开始得比较晚。20 世纪 60 年代，樊丽秋首次在国内进行了分子蒸馏相关研究；70 年代末，余国琮、樊丽秋发表了对降膜式分子蒸馏研究的相关论文；80 年代，国内才有分子蒸馏器方面相关专利出现，随后又引进了几套国外的分子蒸馏装置，用于硬脂酸单甘酯的生产。近年来，我国许多高校及科研单位对分子蒸馏技术进行了广泛的研发。特别是 90 年代以来，随着人们对天然物质的青睐以及全球回归自然潮流的兴起，尤其是中药现代化、国际化进程的迫近，分子蒸馏技术在高沸点、热敏性天然物质的分离方面得到了迅速的发展。目前，分子蒸馏技术在石油、医药、食品、精细化工和油脂等行业得到了广泛的应用。

4.2 分子蒸馏技术的基本原理

4.2.1 分子蒸馏的原理

分子蒸馏不同于一般的常规蒸馏，它是没有达到气–液相平衡的蒸馏。常规蒸馏建立在气–液相平衡的基础上，根据蒸馏物质在气–液组成不同进行分离，分离操作是在蒸馏物质沸点温度下进行。分子蒸馏的分离是建立在不同物质挥发度不同的基础上，分离操作在低于物料沸点进行。物质的挥发度大小可以用分子运动自由程表示。液面的分子受热后接受足够的能量，就会逸出成为气体分子，逸出的气体分子在气相中会发生碰撞，碰撞结果是有一部分气体分子会返回液面，在一定温度下，这个过程会达到动态平衡。不同种类的分子，由于其分子有效直径不同，其自由程也不相同，即不同种类的分子逸出液面后不与其他分子碰撞的飞行距离是不相同的。分子蒸馏技术正是利用不同种类分子逸出液面（蒸发液面）后的平均自由程不同的性质实现的。轻分子的平均自由程大，重分子的平均自由程小，若在离液面小于轻分子的平均自由程而大于重分子平均自由程处设置一冷凝面，使得轻分子落在冷凝面上被冷凝，而重分子因达不到冷凝面而返回原来液面，这样混合物就得到了分离。过程原理如图 4-1 所示。

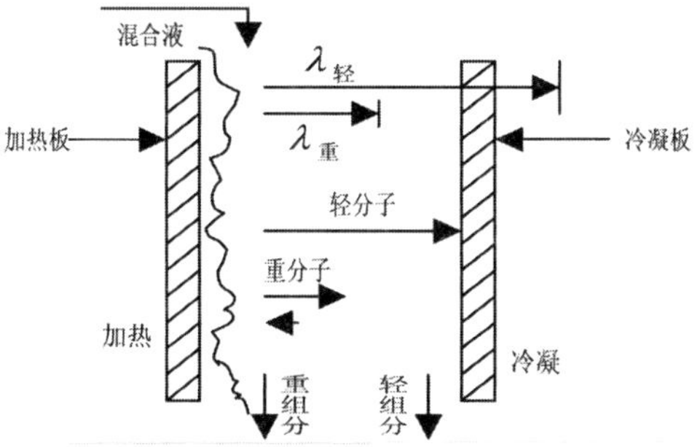

图 4-1　分子蒸馏原理图

由图 4-1 可看出，混合液沿加热板向下流动的同时被加热后，轻、重分子均向气相逸出，由于轻、重分子自由程不同，轻分子自由程大，达到冷凝板经冷凝后沿冷凝板向下流动，重分子自由程小，达不到冷凝板而在气相中饱和，并返回液相，沿加热板向下流动，从而形成轻、重分子的分流与分离。对于不同的物质分子，运动平均自由程大，其挥发度也大。平均自由程可用以下函数表示：

$$\overline{L} = \frac{K}{\sqrt{2}\pi d^2} \cdot \frac{T}{P}$$

式中，$\overline{L}$ 为自由程的平均值；K 为气体常数；T 为温度，单位：K；P 为真空度，单位：$g \cdot cm^{-2}$；d 为分子有效直径，单位：m。

在设计分子蒸馏装置时，蒸发面与冷凝面的距离可在 $1 \sim 20$ cm，最常见的是 $1 \sim 5$ cm。在蒸馏操作时，要求蒸发液面的真空度低于 10^{-3}。分子蒸馏的速度完全是由物质分子从蒸发液面挥发速度决定，同气液相平衡无关。Greeberg 从这个角度出发推导出一个定量描述物质分子蒸馏速度方程，即

$$N = P \cdot \left(\frac{1}{2\pi TMRg} \right)^{\frac{1}{2}}$$

式中，N 为摩尔蒸发速度，单位：md·$(cm^2 \cdot s)^{-1}$；P 为组分的蒸汽压，单位：$g \cdot cm^{-2}$；T 为绝对温度，单位：K；M 为分子量；Rg 为气体常数，单位：$g \cdot cm \cdot (g \cdot mol \cdot K)^{-1}$。

对于双组分体系

$$N_1 = \frac{C_i}{C_T} \cdot \partial_1 \cdot P_i \cdot \left(\frac{1}{2\pi \cdot Rg \cdot T \cdot M_i} \right)^{\frac{1}{2}}$$

式中，C_i 为摩尔浓度；C_T 为总的摩尔浓度；∂_1 为蒸发系数；P_i 为蒸汽压，单位：$g \cdot cm^{-2}$；Rg 为气体常数，单位：$g \cdot cm \cdot (g \cdot mol \cdot K)^{-1}$；$M_i$ 为分子量。

这组函数关系比较适合描述离心式分子蒸馏，对于降膜式分子，由于液膜比较厚（$0.01 \sim 0.3$ cm），必须考虑到扩散对蒸馏速度的影响。另外，Langmuir-Knudsen 从理想气体动力学理论推导出了一个描述物质分子理想蒸馏速度的简单等式

$$m = 1.384 \times 10^2 P^0 \sqrt{\frac{M}{T}}$$

式中，m 为蒸发速度，单位：g/（$m^2 \cdot$ g）；P^0 为在 T 下的饱和蒸气压，单位：Pa；T 为蒸发温度，单位：K；M 为摩尔质量，单位：kg/mol。

在实际过程中，m 值通常是达不到的，需乘以一个校正因子 α，在现代工业装置中，α 值可以达到 0.9。Langmuir-Knudsen 方程式也有另外一种近似的估算形式，即：

$$G(\text{approx}) = 1\,580 P \frac{M}{T}$$

式中，G 为蒸馏速度，单位：kg/（$m^2 \cdot$ h）；P 为蒸馏压力，单位：hPa；T 为蒸馏温度，单位：K；M 为分子量。

4.2.2　分子蒸馏技术的过程

根据分子蒸馏器设计原则，低沸点组分首先获得足够的能量从液膜表面蒸发，径直飞向中间冷凝器并被冷凝成液相，在重力作用下沿冷凝器壁面向下流动，进入馏出组分接收瓶，未能到达冷凝面的重组分沿加热面流下，进入残留组分接收瓶，即分子蒸馏过程主要分为 5 个步骤。

（1）分子从液相主体向蒸发面扩散。通常，液相中的扩散速度是控制分子蒸馏速率的主要因素，在设备设计时，应尽量减薄液层厚度并强化液层的流动。

（2）分子从蒸发面上自由蒸发。分子在高真空远低于沸点的温度下进行蒸发。蒸发速率随着温度的升高而上升，但分离效率有时却随着温度的升高而降低，所以应以被加工物质的热稳定性为前提，选择经济合理的蒸馏温度。

（3）分子从蒸发面向冷凝面飞射。在飞射过程中，可能与残存的空气分子碰撞，也可能相互碰撞。但只要有合适的真空度，使蒸发分子的平均自由程大于或等于蒸发面与冷凝面之间的距离即可。

（4）分子在冷凝面上冷凝。冷凝面形状合理且光滑，从而完成对该物质分子的分离提取。

（5）馏出物和残留物的收集。由于重力作用，馏出物在冷凝器底部收集。没有蒸发的重组分和返回到加热面上的极少轻组分残留物由于重力或离心力作用，滑落到加热器底部或转盘外缘。

4.2.3　分子蒸馏的特点

（1）分子蒸馏的操作真空度高、操作温度低。由于分子蒸馏是依据分子运动平均自由程的差别将物质分开，因而可在低于混合物的沸点下将物质分离。加之其独特的结构形式决定了其操作压强很低，一般为 0.13 ~ 1.33 Pa，这又进一步降低了物质的沸点，因此分子蒸馏可在远低于混合物沸点的温度下实现物质的分离。一般来说，分子蒸馏的分离温度比传统蒸馏的操作温度低 50 ~ 100℃。

（2）受热时间短。在分子蒸馏器中，受热液体被强制分布成薄膜状，膜厚一般为 0.5 mm 左右，设备的持液量很小，因此，物料在分子蒸馏器内的停留时间很短，一般几秒至十几秒，使物料所受的热损伤极小。这一特点很好地保护了被处理物料的颜色和特性品质，使得用分子蒸馏精制的产品在品质上优于传统真空蒸馏法生产的产品。

（3）分离程度高。分子蒸馏比常规蒸馏有更高的相对挥发度，分离效率高。这使得聚合物可与单体及杂质进行更有效的分离。

（4）工艺清洁环保。分子蒸馏技术不使用任何有机溶剂，不产生任何污染，被认为是一种温和的绿色操作工艺。

4.3 分子蒸馏技术的主要设备及特点

4.3.1 分子蒸馏设备

分子蒸馏技术自 20 世纪 20 年代问世以来，由于其独特的分离机制和极佳的分离效果而受到广泛重视。随着分子蒸馏技术应用领域的不断扩大，其设备尤其是分子蒸馏器也不断得到改进和完善。分子蒸馏器的发展历程主要经历了 4 种类型：从最初的罐式分子蒸馏器、降膜式分子蒸馏器，再到目前应用较为广泛的刮膜式分子蒸馏器和离心式分子蒸馏器，其结构形式不断完善，物料操作温度进一步降低，受热时间进一步缩短。分子蒸馏器的蒸发表面有凸面和凹面两种形式，当蒸发圆筒的直径小于 15 ~ 20 cm 时，多用凸面设计。

1）静止式分子蒸馏器

静止式分子蒸馏器是最早出现的一种简单、价廉的分子蒸馏设备。图 4-2 是一种典型的静止釜式分子蒸馏器。工作时，加热器直接加热置于蒸发室内的料液，在高真空状态下，料液分子由液态表面逸出，飞向悬于上方的冷凝器表面，被冷凝成液滴后由馏分罐的漏斗收集。此类分子蒸馏器的主要缺陷是液膜很厚，物料被持续加热，因而易造成物料的分解，且分离效率较低，目前已被淘汰。

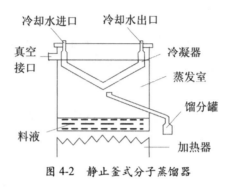

图 4-2　静止釜式分子蒸馏器

2）降膜式分子蒸馏器

降膜式分子蒸馏器也是较早出现的一种结构简单的分子蒸馏设备，其典型结构如图 4-3 所示。工作时，料液由进料管进入，经分布器分布后在重力的作用下沿蒸发表面形成连续更新的液膜，并在几秒内被加热。轻组分由液态表面逸出并飞向冷凝面，在冷凝面冷凝成液体后由轻组分出口流出，残余的液体由重组分出口流出。此类分子蒸馏器的分离效率远高于静止式分子蒸馏器，缺点是蒸发面上的物料易受流量和黏度的影响而难以形成均匀的液膜，且液体在下降过程中易产生沟流，甚至会发生翻滚现象，所产生的雾沫夹带有时会溅到冷凝面上，导致分离效果下降。此外，依靠重力向下流动的液膜一般处于层流状态，传质和传热效率均不高，导致蒸馏效率下降。

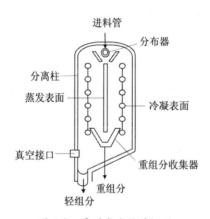

图 4-3　降膜式分子蒸馏器

钱德康对传统的降膜式分子蒸馏器进行了改进，发明了一种内循环式薄膜分子蒸馏设备，其结构如图 4-4 所示。此种分子蒸馏器的独特之处在于使用了轴流泵，使料液能反复循环并被蒸馏。工作时，轴流泵将料液自底部吸入，经循环管上升至真空室，在分散元件和液体分布器的作用下料液形成液膜并沿蒸发面自然流下，轻组分由液膜表面逸出并飞向冷凝面，被冷凝成液体后由馏出液出口流出，而残液下降至底部后，又被轴流泵重新输送至真空室，如此反复循环。此种分子蒸馏器相当于多级分子蒸馏器，其特点是运行成本低、蒸馏效率高。

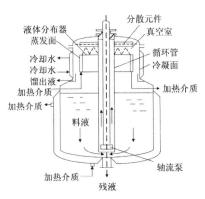

图 4-4　内循环式薄膜分子蒸馏器

3）刮膜式分子蒸馏器

刮膜式分子蒸馏器是目前应用最为广泛的一类分子蒸馏设备，它是对降膜式分子蒸馏器的有效改进，与降膜式蒸馏器的最大区别在于刮膜器的引入。利用刮膜器，可将料液在蒸发面上刮成厚度均匀且连续更新的涡流液膜，从而大大增强了传质和传热效率，并能有效控制液膜的厚度（0.25～0.76 mm）、均匀性以及物料的停留时间，使蒸馏效率明显提高，热分解的可能性显著降低。目前，刮膜式分子蒸馏器是市场的主流，国内外许多企业均生产此类分子蒸馏器。德国 UIC 公司是专业生产刮膜式分子蒸馏器的企业，其产品包括 KD 系列和 KDL 系列。KD 系列的设备主体由不锈钢制成，主要用于中试和工业规模的生产；KDL 系列的设备主体由硼硅玻璃制成，适用于实验室科研或小批量高附加值产品的生产，其产品结构具有以下特点：①整套装置均由透明玻璃材质制成；②具有在线脱气装置，物料在进入蒸馏器之前可先脱气，从而可保证蒸发室内的高真空度；③进样斗配有夹套，可对物料进行预热，中部集成冷凝器；④轻重组分都采用两级接收瓶，均能连续取样 10 次进行检测。如图 4-5 所示。

UIC 公司生产的分子蒸馏器具有下列特点：①冷凝器内置，有列管式和螺旋式两种；②刮膜器由 PTFE 材质的成膜辊轮串联于成膜杆上而形成；③通过机械密封或唇形密封来保证驱动轴的紧实；④成膜杆连接于物料盘上，因此当电机带动物料盘旋转时也带动成膜杆转动。成膜杆转动时可将物料均匀甩向蒸发器表面，转动辊轮立即将液体刮成厚度均匀的液膜。由于刮膜器与加热壁面之间无机械连接，因而可避免成膜死角,也不会对蒸发面造成机械损伤。此种成膜方式不仅可形成高度混合的涡流液膜,增强传质和传热效果,而且可避免在刮膜器和蒸发壁面上形成污垢,从而延长了设备的使用寿命。

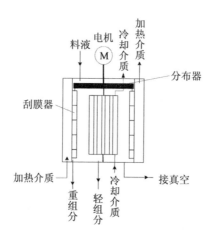

图 4-5　UIC 公司分子蒸馏器

德国 NGW 公司生产的 KV 系列的刮膜式分子蒸馏设备,其结构如图 4-6 所示。KV 系列的分子蒸馏设备主要适用于分子蒸馏过程的实验研究,有以下特点:①整套装置均由透明玻璃材质制成;②具有在线脱气装置,物料在进入蒸馏器之前可先脱气,从而可保证蒸发室内的高真空度;③进样斗配有夹套,可对物料进行预热,中部集成冷凝器;④轻重组分都采用两级接收瓶,均能连续取样 10 次进行检测。

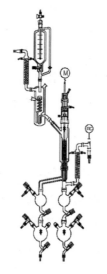

图 4-6　NGW 公司分子蒸馏设备

4) 离心式分子蒸馏器

离心式分子蒸馏装置是将物料输送到高速旋转的转盘中央,并在旋转面扩展形成液膜,同时加热蒸发使之在对面的冷凝面上冷凝。该装置由于离心力的作用,液膜分布均匀且薄,分离效果好,停留时间更短,处理量更大,可处理热稳定性很差的混合物,是目前较为理想的一种装置型式。与其他方法相比,由于有高速旋转的圆盘,真空密封技术要求更高。

5) 其他型式的分子蒸馏器

Kawala(2002)研究了一种结构较为复杂的高真空薄膜蒸发器,水平圆筒中带有 10 个蒸发圆盘以增加单位体积的蒸发面积,其考察了圆筒蒸发面积及圆筒间距离对蒸发速率的影响,并将 DBP 的蒸发过程划分为 3 个等级,即分子蒸馏、平衡蒸馏和介于两者间的蒸馏。研究结果表明,装置的气体出口面积对有效蒸发速率的影响比较大,该横截面越大越有利于气体到达冷凝面;当圆盘间的距离为 3~4 cm 时,更有利于气体流动和蒸发速率的提高。当被蒸馏物料中含有大量的易挥发组分(如溶解气体和有机溶剂)时,这些物质一旦进入蒸发器便会产生飞溅现象,使得被蒸馏物料呈液滴状沿冷凝面流下,从而影响馏出物料品质。针对这种现象,Lutišan(2002)在蒸发面和冷凝面之间设置一夹带分离器,使易挥发气体不断在分离器中被捕集。利用该装置对 DBP 和 DBS 二元物系的一维和二维流动进行了研究,结果表明,分离器虽阻碍了气相分子到达冷凝面,降低了蒸馏速率,但分离效率却大大提高了,并稳定了馏出液组成。随着分子蒸馏技术的发展,对降膜式和离心式的研究比较成熟,不同类型的分子蒸馏器也相继出现,如 E 型、V 型、M 型、擦膜式和立式等;目前人们对刮膜分子蒸馏器的研究却相对较少,这是由于刮膜器机械作用的介入,使得液膜流动、传质和传热过程更加复杂。刮膜式分子蒸馏器是目前使用范围最广、性能较为完善的一种分子蒸馏装置。翟志勇等又根据分子蒸馏器的形式,将蒸馏分为简单蒸馏型和精密蒸馏型。

4.3.2 分子蒸馏设备的特点

归纳起来,分子蒸馏设备主要有以下特点。

(1)采用了能适应不同黏度物料的布料结构,使液体分布均匀,有效地避免了返混,显著提高了产品质量。

(2)独创性地设计了离心力强化成膜装置,有效减少了液膜厚度,降低了液膜的传质阻力,从而大幅度提高了分离效率与生产能力,并节省了能源。

（3）成功解决了液体飞溅问题，省去了传统的液体挡板，减少了分子运动的行程，提高了装置的分离效率。

（4）设计了独特新颖的动、静密封结构，解决了高温、高真空下密封变形的补偿问题，保证了设备高真空下能长期稳定运行的性能。

（5）开发了能适应多种不同物料温度要求的加热方式，提高了设备的调节性能及适应能力。

（6）彻底解决了装置运转下的级间物料输送及输入输出的真空泄漏问题，保证了设备的连续性运转。

（7）优化了真空获得方式，提高了设备的操作弹性，避免了因压力波动对设备正常操作性能的干扰。

（8）设备运行可靠，产品质量稳定。

（9）适应多种工业领域，可进行多种产品生产，尤其对于高沸点、对热敏感及易氧化物料的分离有传统蒸馏方法无可比拟的优点。

4.3.3 分子蒸馏的影响因素

1）混合物中含有的挥发性物质

如低沸点挥发物、溶解空气、湿气及其他气体，在进蒸馏器之前应除去，否则会引起爆沸并影响产品质量。

2）混合物的黏度

黏度是影响分子运动平均自由程的因素之一，又是影响膜厚和停留时间的因素之一。

3）液膜厚度

液相中的扩散速度是控制分子蒸发速度的主要因素，因此液膜层厚度应尽量薄。

4）蒸馏温度

一般蒸发速度随温度的升高而增大，但分离数随温度升高而降低，所以要根据被分离物质的热稳定性来选择合理的蒸馏温度，同时蒸发器内部冷凝面要有足够的温度差，一般为 70~100℃。

5）蒸馏系统的真空度

分子蒸馏必须在高真空度下进行，以保证蒸发分子的平均自由程大于等于冷热两面的间距。

4.4 分子蒸馏技术在水产品中的应用

4.4.1 分子蒸馏法制备鱼油多不饱和脂肪酸

深海鱼油中富含多不饱和脂肪酸,典型的代表物是 ω-3 型不饱和脂肪酸中的二十碳五烯酸（EPA）和二十二碳六烯酸（DHA）。现代医学证明, EPA 和 DHA 具有降低血脂和胆固醇、促进大脑神经和视网膜发育等重要生理功能。因此,用简单、低成本和规模化的工业方法提取鱼油中高纯度的多不饱和脂肪酸,特别是 EPA 和 DHA,成为研究的重点和发展趋势。目前工业上已广泛采用的提取方法主要是冷冻结晶法,它存在的缺点是提取率低、容易对环境产生污染。在分子蒸馏提取鱼油多不饱和脂肪酸的工艺过程中,根据脂肪酸的碳链长度和饱和程度不同,不同的脂肪酸在特定的真空条件下具有不同的沸点,其沸点和压力的关系见图 4-7。利用对分子蒸馏温度和压力及流量的控制调节,进行多级分子蒸馏,可以得到含有不同 EPA 和 DHA 配比的产品,以满足不同对象的使用要求。分子蒸馏技术制备鱼油中的多不饱和脂肪酸,具有提取率高、环境污染小、易于工业化连续生产的特点,发展前景良好。

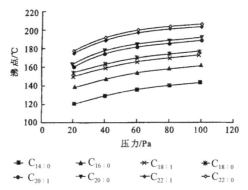

图 4-7　分子蒸馏法提取不同脂肪酸沸点和压力的关系

傅红和裘爱咏（2002, 2006）研究了多级分子蒸馏法提取深海鱼油中多不饱和脂肪酸的工艺方法,通过对压力和温度的控制得到不同多不饱和脂肪酸含量的各级鱼油产品。鱼油乙酯在不同的温度和压力下,分别进行一级分子蒸馏、二级分子蒸馏和三级分子蒸馏,采用的工艺是多级串联,可以在各级得到不同纯度的多不饱和脂肪酸的鱼油乙酯,其中 EPA、DHA 和总多不饱和脂肪酸（PUFA）含量不断提高,表 4-1。

表 4-1　三级分子蒸馏时各级鱼油脂肪酸的质量分数和得率

项目	$C_{14:0}$	$C_{16:0}$	$C_{20:5}$	$C_{22:6}$	总 PUFA	得率
鱼油乙酯原料油	10.44	22.32	3.38	11.00	31.86	
一级分子蒸馏重相	8.59	15.63	15.22	23.82	51.04	
一级分子蒸馏轻相	36.87	14.29	5.41	2.85		
二级分子蒸馏重相	0.34	4.53	14.66	36.61	75.76	
二级分子蒸馏轻相	17.17	19.57	13.50	10.89		
三级分子蒸馏重相	—	1.66	8.64	53.02	90.96	11.92%
三级分子蒸馏轻相	6.73	13.37	17.19	24.56		
尿素包合鱼油乙酯	2.07	1.93	3.31	54.36	79.77	14.28%

　　鱼油乙酯在分子蒸馏过程中，酸价和过氧化值基本衡定，由于各级分子蒸馏产品中多不饱和脂肪酸的增加，碘价呈上升趋势。产品的色泽和气味上也很理想，各项指标均优于采用尿素包合法生产的鱼油乙酯。需要说明的是，尿素包合鱼油乙酯可以通过脱臭工艺部分降低产品的过氧化值。

　　Lucy 等（2001）采用分子蒸馏技术从尿素预处理的鱿鱼内脏油乙酯中进一步提取 EPA 和 DHA，EPA 的含量从 28.2%提高到 39.0%，DHA 的含量从 35.6%提高到 65.6%。另外，研究表明，分子蒸馏技术在对鱼油中高不饱和脂肪酸的工业化研究中可以得到 EPA 和 DHA 含量在 70%以上的产品。Cernark 等（2007）还将分子蒸馏技术用于不饱和脂肪酸的脱色，处理后的不饱和脂肪酸的色价很低（Gardner 色价=1）。另外，分子蒸馏技术也可用于不饱和脂肪酸的除臭，且处理后的不饱和脂肪酸完全没有臭味。

　　王亚男等（2014）研究了金枪鱼鱼油分子蒸馏前期乙酯化反应体系中各脂肪酸的氧化规律，并对分子蒸馏富集鱼油中多不饱和脂肪酸的工艺进行研究。利用 GC-MS 联用分析仪测定酯化时间 6 h 内脂肪酸的变化，并用分子蒸馏对乙酯化产物中 ω-3 脂肪酸进行富集。试验结果表明：在乙酯化反应体系中，多不饱和脂肪酸在前 4 h 下降缓慢，其含量下降小于 40%，4 h 后下降明显，其中 $C_{20:3}$（n-3）含量下降尤为明显，超过 60%；单不饱和脂肪酸的下降速率不明显，在整个反应过程中，其含量下降基本小于 30%。此外，采用美国 POPE 2 英寸（1 in=25.4 mm）刮膜式蒸馏设备，在 110℃、5 Pa、进料流量为 4 mL/min 时对鱼油 ω-3 脂肪酸富集效果最好。鱼油乙酯化反应体系中，单不饱和脂肪酸氧化程度受反应时间影响不明显，反应时间对多不饱和脂肪酸的氧化程度有明显的促进作用。在此基础上，通过三级分子蒸馏，可以得到总 ω-3 脂肪酸含量为 70.78%、得率为 10.1% 的鱼油乙酯。

王芬（2006）以分子蒸馏技术为主要手段，经过单级分子蒸馏后，EPA、DPA 的纯度为 45%，得率为 84.3%。经过 3 次分子蒸馏试验后，EPA 和 DHA 的含量可达 72% 以上。同时通过正交实验考察了分子蒸馏富集鱼油中 EPA 和 DHA 这一实验的主要影响因子，确定了最佳工艺条件。

4.4.2　分子蒸馏法纯化 DHA 藻油

梁井瑞等（2012）采用分子蒸馏对脱色 DHA 藻油进行纯化，以酸值、不皂化物、DHA 含量等为分析指标，考察了不同的蒸馏温度、进料速率、刮膜器转速对 DHA 藻油分离除杂效果的影响。结果显示，在进料预热温度 30℃、冷凝水 25℃、系统操作压力 0.3 Pa 条件下，蒸馏温度 240℃、进料速率 2.0 mL/min、刮膜器转速 150 r/min 为最佳工艺参数。采用气相色谱分析，分子蒸馏纯化后 DHA 含量 46.07%，高于传统脱臭工艺的 38.41%。

4.4.3　尿素包合法联合分子蒸馏技术提纯乙酯化鱼油

林文等（2013）联合尿素包合法及分子蒸馏技术对乙酯化鱼油中的 EPA 和 DHA 进行提纯。尿素包合试验中考察了脲酯比、醇脲比、结晶温度及结晶时间等因素对产品纯度及回收率的影响，选择试验条件为脲酯比 2:1、醇脲比 4:1、结晶温度 0℃ 及结晶时间 1 h 进行尿素包合试验，得到 EPA 及 DHA 总纯度为 63.5% 的产品，回收率为 48.5%。分子蒸馏试验中考察了蒸馏温度、预热温度、内冷温度、刮膜器转速及进料速率等因素对试验结果的影响，选择在蒸馏温度 90℃、预热温度 40℃、内冷温度 15℃、刮膜器转速 360 r/min、进料速率 2 mL/min 及真空度 0.1 Pa 的条件下对乙酯化鱼油进行二次提纯，产品中 EPA 及 DHA 总纯度为 78.9%，回收率为 49%。

4.4.4　卤虾油营养成分的分子蒸馏法提取

卤虫（Brine Shrimp）又名盐水丰年虫或卤虾，为一种小型低等甲壳动物。卤虾油中含有多种重要的脂肪酸，如棕榈酸、油酸、硬脂酸、亚油酸、α-亚麻酸、二十碳五烯酸（EPA）等。这些重要的脂肪酸已被证实具有重要的生理作用。周冉（2006）从卤虾油的乙酯化工艺入手，对传统的油脂乙酯化工艺进行了改进，采用乙醇钠为催化剂催化卤虾油酯化的方法，进行卤虾油的乙酯化，克服了传统方法反应时间长、能耗大、原材料消耗大的缺点，采用四因素三水平的正交实验方案，研究了催化剂用量、反应温度、反应时间、醇油比等因素对酯化率的影响，确定了卤虾油的最优乙酯化方案，当催化剂乙醇钠的加入量为油量的 0.5%、反应温度为 60℃、反应时间为 3 h、醇油比为 0.4 时，酯化率高达 95%以上。

韩振为和周冉（2006）采用分子蒸馏方法对卤虾油中营养成分的提取过程进行了研究，对得到的馏分采用气相色谱–质谱（GC-MS）联用技术进行了成分与含量分析，从中分析鉴定出 15 个脂肪酸成分，脂肪酸总含量达到 71.60%，总相对含量达到 85.11%，多不饱和脂肪酸含量达到 40.34%，相对含量达到 47.95%。其中棕榈酸、油酸、EPA、亚麻酸为主要成分，相对含量分别为 26.86%、35.35%、3.45%和 3.03%，营养成分得到了有效富集。

4.5 分子蒸馏技术的发展前景与展望

4.5.1 分子蒸馏技术存在的问题

任何技术都有其局限性，我国分子蒸馏技术工业化应用存在的问题主要体现在下述方面：

1）理论研究较少

分子蒸馏技术是近几十年发展起来的新型技术，其相关过程的基础理论尚未完全揭示，不能准确地了解分子蒸馏器内的真实状况，缺乏一些关键数据，工艺设计盲目性较大，很难确定最佳设计方案，至今用以揭示分子蒸馏技术的数学模型还未完全建立，这些都严重限制了分子蒸馏技术的工业化应用。

2）生产能力较小

由于分子蒸馏的蒸发表面积受设备结构的限制，远远小于常规精馏塔的受热面积，并且物料在面积不大的蒸发壁面上呈薄膜状且受热面积与蒸发壁面几乎相等，其汽化量非常小，生产能力不大。此外，分子蒸馏在远低于常压沸点条件下操作，其汽化量相对于在沸点附近操作的常规蒸馏还要少得多，相同生产能力下，分子蒸馏设备体积要比常规蒸馏设备大得多。

3）设备投资较高

分子蒸馏技术要求体系达到很高的真空度，故对整套设备真空密封性要求很高，决定了其需要高真空排气装置、高真空动静密封结构等辅助系统，初期一次性投资大，并且蒸发面和冷凝面之间的距离要适中，致使生产技术难度大，设备投资相对较大。相应的维修费用也较高，导致生产成本增加。

4）应用范围

分子蒸馏技术只适用于液体或适当加温即具流动性的半固体物质的分离纯化，并且物料内各组分的分子平均自由程相差应较大。另外，分子蒸馏设备是纯粹的分离仪器，必须与其他提取设备连用，且分子蒸馏对物料的前期预处理要求很高。

目前，世界各国应用分子蒸馏技术纯化分离的产品达 150 余种，特别是对于一些高难度物质的分离方面，该项技术显示了十分理想的效果。但是，分子蒸馏技术作为一种新型的分离技术，理论研究和实践过程中仍然存在一些问题。为了进一步推动分子蒸馏技术的发展和在工业上的规模化应用，迫切需要对分子蒸馏过程进行基础理论研究，对分子蒸馏过程进行模拟，建立相应的数学模型，为工业设计和优化生产提供理论依据。随着人们追求天然产品、回归自然潮流的兴起，新产品不断出现，分子蒸馏技术必将以其在产品提纯中的高效优质、条件温和而备受青睐，随着理论研究的深入，开发应用将会得到进一步发展。

4.5.2 分子蒸馏技术发展前景

分子蒸馏技术作为一种对高沸点和热敏性物质进行分离的有效手段，克服了传统分离提取方法的种种缺陷，避免了传统分离提取方法易引起环境污染的潜在危险，解决了常规蒸馏无法解决的难题，特别是对于一些高难度物质的分离，分子蒸馏技术显示了十分理想的效果。分子蒸馏技术自 20 世纪 20 年代出现以来，一直受到世界各国的重视。从 20 世纪中期，我国研究人员开始了对分子蒸馏技术的实验研究，但在分子蒸馏技术的工业化推广方面进度不快。近几年来，我国对分子蒸馏技术的研究重点围绕 3 个方面：一是分子蒸馏机理研究，二是设备结构及装置系统性能研究，三是工业化应用研究。迄今为止，我国已利用分子蒸馏技术开发新产品 50 余种，并已先后完成了利用分子蒸馏技术精制鱼油、天然维生素 E、α-亚麻酸、辣椒红色素、角鲨烯、二聚脂肪酸、异氰酸酯加成物等多个产品的工业化生产。所有生产的产品均为填补国内空白，许多产品达到国际先进水平。目前，我国的分子蒸馏技术已进入世界先进行列，应用前景十分广阔。

但总体来说，分子蒸馏技术的研究在我国起步较晚，其工业化应用还不够广泛，需要进一步加强。分子蒸馏技术是一项全新的现代化高新分离技术，其克服了传统分离提取方法的种种缺陷，避免了传统分离提取方法易引起环境污染的潜在危险，解决了常规蒸馏无法解决的难题，特别是对于一些高难度物质的分离，分子蒸馏技术显示了十分理想的效果。随着人们对天然物质的青睐、回归自然潮流的兴起，分子蒸馏技术作为一项全新的现代化高新分离技术，将在食品工业上的应用不断拓宽和发展，特别是在食品油脂、食品添加剂、保健食品方面的应用，分子蒸馏技术将有更广阔的发展前景。

本章小结

1. 分子蒸馏技术是一种液–液分离技术，属于一种特殊的高真空蒸馏技术，其最显著的特点是蒸馏物料分子由蒸发面到冷凝面的行程不受分子间碰撞阻力的影响，蒸发面与冷凝面之间的距离小于蒸馏物质分子在该条件下的分子运动平均自由程。

2. 分子蒸馏的特点有：操作真空度高、操作温度低、受热时间短、分离程度高、工艺清洁环保。分子蒸馏技术不使用任何有机溶剂，不产生任何污染，被认为是一种温和的绿色操作工艺。分子蒸馏的影响因素有混合物中是否含有挥发性物质、混合物的黏度、液膜厚度、蒸馏温度以及蒸馏系统的真空度。

3. 分子蒸馏设备发展历程主要经历了 4 种类型：从最初的罐式分子蒸馏器、降膜式分子蒸馏器，再到目前应用较为广泛的刮膜式分子蒸馏器和离心式分子蒸馏器，其结构形式不断完善，物料操作温度进一步降低，受热时间进一步缩短。

4. 分子蒸馏技术在水产品中的应用主要体现在分子蒸馏法制备鱼油多不饱和脂肪酸、纯化 DHA 藻油、尿素包合法联合分子蒸馏技术提纯乙酯化鱼油、卤虾油营养成分的分子蒸馏法提取等。

5. 分子蒸馏技术还存在的问题主要体现在：理论研究较少，生产能力较小，设备投资较高，应用范围只适用于液体或适当加温即具流动性的半固体物质的分离纯化，并且物料内各组分的分子平均自由程相差应较大。

思考题

1. 简述分子蒸馏技术的概念。

2. 分子蒸馏技术的特性有哪些？分子蒸馏设备主要有哪几种类型？

3. 分子蒸馏技术存在的问题有哪些？该如何解决？

4. 除了文中提到的分子蒸馏技术在水产品中的应用实例外，还有哪些具体的应用？请查文献整理一篇综述。

第5章 色谱分离技术及其在水产品中的应用

教学目标

1. 了解：色谱分离技术的基本概念及原理。
2. 理解：色谱分离技术分类；气相色谱法的原理及特点；色谱分离技术的主要设备及工艺流程；色谱分离技术新进展。
3. 掌握：高效液相色谱分析法的特点；气相色谱与高效液相色谱法的主要差别；高效液相色谱分类；色谱分离技术在水产品中的应用。

　　高效液相色谱作为一种有效的分离手段，在生物技术产品的制备中发挥着十分重要的作用。色谱技术是几十年来分析化学中最富活力的领域之一。作为一种物理化学分离分析的方法，色谱技术是从混合物中分离组分的重要方法之一，能够分离物化性能差别很小的化合物。当混合物各组成部分的化学或物理性质十分接近，而其他分离技术很难或根本无法应用时，色谱技术愈加显示出其实际有效的优越性。本章介绍色谱分离技术的基本概念、色谱分离技术的原理、色谱分离技术的主要设备及工艺流程；详细叙述高效液相色谱分析法的特点、高效液相色谱分类以及气相色谱与高效液相色谱法的主要差别；最后介绍色谱分离技术在水产品中的应用，主要体现在快速测定水产加工食品中的河豚毒素、测定水产加工品中胆固醇氧化物、离子色谱法分析水产加工食品中亚硫酸盐、测定鱼样中脂溶性维生素、气相色谱–质谱–嗅觉检测器联用分析鱼肉中的挥发性成分、色谱联用分析水产品的农药残留等。

5.1 色谱分离技术的基本概念

虽然早在 20 世纪初，俄国植物学家 M.S.Tswett 研究植物色素的组成时就首先提出了"色谱法"这一概念，并且认识到色谱法作为分离技术的潜力，然而，遗憾的是，除了几例吸附色谱法分离某些天然产物之外，色谱法并未引起人们足够的重视，而被搁置了许多年。1931 年，Lederer 和 Kuhn Winterstein 的工作进一步表明了色谱法作为一种化工分离技术的潜力。接着是 Zechmeisrer 和 Cholnoky、Strain 以及 Karrer 和 Strong，他们用色谱法分离出克量级的植物色素混合物（叶绿素、叶黄素、叶红素）以及其他的天然产物（辣椒红等）。自此色谱分离技术才引起各国科学家的足够重视。

色谱分离技术是几十年来分析化学中最富活力的领域之一。作为一种物理化学分离分析的方法，色谱分离技术是从混合物中分离组分的重要方法之一，能够分离物化性能差别很小的化合物。当混合物各组成部分的化学或物理性质十分接近，而其他分离技术很难或根本无法应用时，色谱分离技术愈加显示出其实际有效的优越性。色谱分离技术最初仅仅是作为一种分离手段，直到 20 世纪 50 年代，随着生物技术的迅猛发展，人们才开始把这种分离手段与检测系统连接起来，成为在环境、生化药物、精细化工产品分析等生命科学和制备化学领域中广泛应用的物质分离分析的一种重要手段。

5.1.1 色谱分离技术的分类

色谱分离技术根据不同的分类方法有着不同的分类方式。

1）按两相所处的状态分类

色谱分析法有两相，一个是流动相（流动的气体或流动的液体），另一个是固定相，按这两相所处的状态分为以下两种方法。

（1）气相色谱法。流动相是气体的色谱法。气相色谱法又分为气–固色谱法和气–液色谱法。

① 气–固色谱法：流动相是气体、固定相是活性固体吸附剂的色谱法。

② 气–液色谱法：流动相是气体、固定相是在惰性气体（载体）表面上涂渍的高沸点的不易挥发的有机的液体薄膜（固定液）的色谱法。

（2）液相色谱法。流动相是液体（溶剂）的色谱法。液相色谱法又分为液–固色谱法和液–液色谱法。

① 液–固色谱法：流动相是液体（溶剂）、固定相是活性固体吸附剂的色谱法。

② 液–液色谱法：流动相是液体（溶剂）、固定相同液–固色谱法。

2）按色谱分离过程的物化原理分类

按分离原理分类，色谱法又分为吸附色谱法、分配色谱法、离子交换色谱法、空间排阻色谱法等。

（1）吸附色谱法。利用吸附剂表面对于混合物中不同组分吸附能力（吸附系数）的差别进行分离的色谱法。

（2）分配色谱法。利用混合物中不同组分在流动相和固定相之间溶解度的差别（分配系数不同）进行分离的色谱法。

（3）离子交换色谱法。利用混合物中不同组分对离子交换剂的亲和力不同进行分离的色谱法。

（4）空间排阻色谱法。利用某些多孔的惰性物质（如凝胶、分子筛）对混合物中不同组分的分子尺寸大小的不同而阻滞作用不同进行分离的色谱法。

3）按固定相被固定的形状分类

按固定相的形状分类，色谱法又分为柱色谱法、薄层色谱法、纸色谱法。

（1）柱色谱法。固定相被填装（充）到色谱柱管内，使样品中各组分沿着一个方向移动进行分离的色谱法。柱色谱法又分为两类，一类是填充柱色谱法，另一类是毛细管柱色谱法。

①填充柱色谱法：此法的固定相填入一根不锈钢或玻璃柱管内。

②毛细管柱色谱法：填充柱相当于一束长的毛细管，或是一束涂有固定液的长毛细管，毛细管长 30~300 m、内径 0.2~0.5 mm。

毛细管柱色谱法又分为两类，一类是填充毛细管柱色谱法，另一类是空心毛细管柱色谱法。

（2）薄层色谱法。将固定相研制成一定粒度的粉末，在玻璃板或塑料板上用平铺法制成薄层，把试液点到薄层上，用溶剂将其展开进行分离的色谱分析法。

（3）纸色谱法。纸色谱法系以纸为载体，以纸上所含水分或其他物质为固定相，用展开剂进行展开的分配色谱。制造滤纸的原料为纤维素，纤维素为惰性物质，其分子中具有很多径基，有较强的亲水性，能吸收约 2% 的水分，其中约有 6% 的水分与纤维素上的经基结合形成液液分配色谱中的固定相，待分离的物质点在滤纸条的一端后，将其悬挂在密闭的展开室内，当展开剂借毛细作用流向另一端时，被分离物质因其理化性质不同，在固定相及流动相中分配系数不同而得到分离。在纸色谱法中起主要分离作用的是被分离物质在两相中的分配，因此纸色谱法属于液液分配色谱法。

5.1.2 气相色谱

气相色谱（Gas Chromatography，GC）已经是一门成熟的分析化学分支，从俄国植物学家（M.S.Tswett）1903年发现色谱至今已经有110多年历史，从马丁（Martin）和辛格（Synge）1941年提出分配色谱和1952年发明气-液色谱而获得诺贝尔化学奖也有60多年历史。我国早在1956年就对GC进行了大量的研究，并推广到石油、化工、药物领域。近年来GC又出现了新的热点领域，应用在不断扩大。

1）GC的原理

GC的分析原理是使混合物各组分在两相间进行分配，其中一相是不动的固定床，叫固定相；另一相则是推动混合物流过此固定相的流体，叫流动相。一般常用的流动相多是气体，如氮气。当流动相中所含的物质经过固定相时，就会与固定相发生相互作用。由于各组分性质和结构上的不同，相互作用的大小、强弱有差异，因此在同一推动力作用下，不同组分在固定相中滞留时间有长有短，从而按先后移动速度不同的次序从固定相中流出，然后经检测器将流出物以色谱峰形式记录在记录仪上。先流出者先出峰，故按时间便可以定性，流出物质多，则色谱峰高，即可定量。对当前色谱学的状况，美国著名的色谱学家G. Guiochon有一段总结："GC和HPLC在分离分析领域发展最好，是极为成功的范例，而超临界流体色谱（SFC）和场流分离（FFF）则处于失利的境地，毛细管区带电泳（CZE）和电色谱则处于前途未卜的状态。"近年来GC气相色谱的热点主要有以下领域：①全二维气相色谱（Comprehensive Two-dimensional Gas Chromatography，GC×GC）；②快速、微型GC仪；③新型GC固定相；④色谱柱的溶胶–凝胶涂渍技术。

2）全二维气相色谱

GC法作为复杂混合物的分离工具，已在挥发性化合物的分离分析中发挥了很大的作用。目前使用的大多数仪器为一维色谱（1DGC），使用一根色谱柱，仅适用于几十种至几百种物质的样品分析。当样品更复杂时，就要用到多维色谱技术。GC×GC是多维色谱的一种，但它不同于通常的二维色谱（GC+GC、2DGC）。GC+GC一般采用中心切割法，从第1支色谱柱预分离后的部分馏分，被再次进样到第2支色谱柱作进一步的分离；而样品中的其他组分或被放空，或也被切割。尽管可通过增加中心切割的次数来实现对感兴趣组分的分离，但由于组分流出第1支柱进到第2支柱时，其谱带已较宽，因此第二维的分辨率受到损失。而且其第二维分析速度一般较慢，不能完全利用 2DGC 的峰容量, 它只是把第 1 支色谱柱流出的部分馏分转移到第 2 支色谱柱上, 进行进一步的分离。GC×GC 是把分离机理不同而又互相独立的两只色谱柱以串联方式结合成 2DGC。在这两支色谱柱之间装有一个调制器, 这个调制器起捕集再传送的作用。经第 1 支色谱分离后的每一个馏分, 都需先进入调制器, 进行聚焦后再以脉冲方式送到第 2 支色谱柱中进行进一步的分离。所有组分从第 2 支色谱柱进入检测器。信号经数据处理系统后, 得到以第 1 支柱上的保留时间为第一横坐标、第 2 支柱上的保留时间为第二横坐标、信号强度为纵坐标的三位色谱图或二维轮廓图。GC×GC 自 20 世纪 90 年代初出现以来, 已得到很大发展, 并深受石油、环保等领域的重视。高鑫等采用顶空固相微萃取与全二维气相色谱相结合的方法对黄连根茎中的挥发性成分进行分析, 结果表明, 该技术不仅完整了黄连物种中挥发性成分的分析, 并且可以作为区分不同黄连种类的一种有效依据, 还可以根据其挥发性成分来确认其为某种类。GC×GC 仪具有以下特点: ①分辨率高、峰容量大。其峰容量为组成它的两根柱各自峰容量的乘积, 分辨率为两根柱各自分辨率平方和的平方根; ②灵敏度高。比通常的 1DGC 的灵敏度提高 20 ~ 50 倍。③分析时间短。由于样品更容易分开, 总分析时间反而比 1DGC 时间短。④定性的可靠性大大增加。⑤由于系统能提供高的峰容量和好的分辨率, 一个方法便可完成原来几个美国测试和材料协会（ASTM）方法才能完成的任务。可以说, GC×GC 法是 GC 技术的一次革命性突破（关键部件是调节器）, 它必将在复杂样品分离中发挥积极作用。

3）快速 GC 和微型气相色谱仪

近年国外对快速 GC 有很多研究报道, 在美国《分析化学》上从 1998 年起在 GC 的 Fundamental Reviews 中, 专门列出一个标题——"快速和便携式 GC（仪）", 讨论有关 GC 中加快分析速度和便携式 GC 仪的问题, 因而近几年这一领域备受重视。在 2002 年美国出版的《色谱科学》杂志就有一期快速 GC 的专刊。我国科技部在"九五"期间组织分析仪器开发研究课题, 北京分析仪器厂等单位研制了"高压快速气相色谱仪", 分析时间可缩短到常规毛细管色谱的 1/3 ~ 1/5。微型便携式 GC 仪多年来就为国内学者和用户重视, 仪器的微型化更成为近年的热点课题, 2003 年美国《分析化学》杂志第 1 期主编的社论题目就是: "芯片, 更多的芯片", 其含义就是把仪器的各个部件集中到一块芯片上。大连化学物理研究所研制了国内第 1 台微型 GC 仪, 此仪器的关键部件固态热导检测器（SSD）设计新颖, 性能指标近于国外同类产品水平, 它与常规色谱仪相比在体积、重量和功耗上均减少 1 个数量级, 且分析灵敏度更高、分析速度更快、适用温度范围宽（40 ~ 80℃）。该仪器使用氢气或氦气作为气源, 整机的适用电源范围宽，适合连续工作，操作简单，可解决常规 GC 仪不易完成的检测任务，适用于永久气体、低碳烃、天然气、炼厂气和污染源含苯及硫、卤代烃等有害气体的现场检测。

5.1.3 高效液相色谱

1903 年，俄国植物学家 M. S. Tswett 发表了题为"一种新型吸附现象及在生化分析上的应用"的研究论文，文中第一次提出了应用吸附原理分离植物色素的新方法。1906 年，他命名这种方法为色谱法。这种简易的分离技术，奠定了传统色谱法的基础。高效液相色谱的发展始于 20 世纪 60 年代中后期。60 年代末科克兰、哈伯、荷瓦斯、莿黑斯、里普斯克等开发了世界上第一台高效液相色谱仪，开启了高效液相色谱的时代。1971 年科克兰等出版了《液相色谱的现代实践》一书，标志着高效液相色谱法正式建立。1975 年 Small 发明了以离子交换剂为固定相、强电解质为流动相，采用抑制型电导检测的新型离子色谱法。在此后的时间里，高效液相色谱成为最为常用的分离和检测手段，在有机化学、生物化学、医学、药物学与检测、化工、食品科学、环境监测、商检和法检等方面都有广泛的应用。

1）分配色谱法

分配色谱法是 4 种液相色谱法中应用最广泛的一种。它类似于溶剂萃取，溶质分子在两种不相混溶的液相即固定相和流动相之间按照它们的相对溶解度进行分配。一般将分配色谱法分为液液色谱和键合相色谱两类。

液–液色谱的固定相是通过物理吸附的方法将液相固定相涂于载体表面。在液–液色谱中，为了尽量减少固定相的流失，选择的流动相应与固定相的极性差别很大。由此人们将固定相为极性、流动相为非极性的液相色谱称为正相液相色谱，相反的称为反相液相色谱。

键合相色谱的固定相是通过化学反应将有机分子键合在载体或硅胶表面上。目前，键合固定相一般采用硅胶为基体，利用硅胶表面的硅醇基于有机分子之间成键，即可得到各种性能的固定相。一般来说，键合的有机基团主要有两类：疏水基团、极性基团。疏水基团有不同链长的烷烃（C_8 和 C_{18}）和苯基等。极性基团有丙氨基、氰乙基、二醇、氨基等。与液–液色谱类似，键合相色谱也分为正相键合相色谱和反相键合相色谱。

在分配色谱中，对于固定相和流动相的选择，必须综合考虑溶质、固定相和流动相三者之间分子的作用力，才能获得好的分离。三者之间的相互作用力可用相对极性来定性地说明。分配色谱主要用于分离分子量低于 5 000，特别是 1 000 以下的非极性小分子物质的分析和纯化，也可用于蛋白质等生物大分子的分析和纯化，但在分离过程中容易使生物大分子变性失活。

2）吸附色谱法

吸附色谱又称液固色谱，固定相为固体吸附剂。这些固体吸附剂一般是一些多孔的固体颗粒物质，在它的表面上通常存在吸附点。因此，吸附色谱是根据物质在固定相上的吸附作用不同来进行分离的。常用的吸附剂有氧化铝、硅胶、聚酰胺等有吸附活性的物质，其中硅胶应用最为普遍。吸附色谱具有操作简便等优点。一般来说，液固色谱最适于分离那些溶解在非极性溶剂中、具有中等相对分子质量且为非离子性的试样。此外，液–固色谱还特别适于分离色谱几何异构体。

3）离子交换色谱法

缓离子交换色谱是利用被分离物质在离子交换树脂上的离子交换势不同而使组分分离的。一般常用的离子交换剂的基质有三大类：合成树脂、纤维素和硅胶。作为离子交换剂有阴离子交换剂和阳离子交换剂，它们的功能基团有 $-SO_3H$、$-COOH$、$-NH_2$ 及 $-NR_3$。流动相一般为水或含有有机溶剂的缓冲液。离子交换色谱特别适于分离离子化合物、有机酸和有机碱等能电离的化合物和能与离子基团相互作用的化合物。它不仅广泛应用于有机物质，而且广泛地应用于生物物质的分离，如氨基酸、核酸蛋白质、维生素等。

4）凝胶色谱法

凝胶色谱又称尺寸排斥色谱。与其他液相色谱方法不同，它是基于试样分子的尺寸大小和形状不同来实现分离的。凝胶的空穴大小与被分离的试样的大小相当。太大的分子由于不能进入空穴，被排除在外，随流动相先流出。小分子则进入空穴，与大分子所走的路径不同，最后流出来。中等分子处于两者之间。常用的填料有琼脂糖凝胶、聚丙烯酰胺。流动相可根据载体和试样的性质，选用水或有机溶剂。凝胶色谱分辨力高，不会引起变性，可用于分离相对分子量高的（大于 2 000）的化合物，如有机聚合物、从低分子量中分离天然产物等，但其不适于分离相对分子质量相似的试样。

从应用的角度讲，以上 4 种基本类型的色谱法实际上是相互补充的。对于相对分子质量大于 10 000 的物质的分离主要适合选用凝胶色谱；低相对分子质量的离子化合物的分离较适合选用离子交换色谱；对于极性小的非离子化合物最适用分配色谱；

而对于要分离非极性物质、结构异构以及从脂肪醇中分离脂肪族氢化合物等最好选用吸附色谱。

5.1.4　色谱分离技术特点

1）气相色谱分析法的特点

（1）检测器灵敏度高。可以检测出 $10^{-13} \sim 10^{-11}$g 的物质。对于大气污染组分的测定，经过浓缩可以检测 10^{-12}g 的微量有毒物质。

（2）分析速度高。测定一个混合物样品的时间，仅需要几分钟至几十分钟。特别是与色谱数据处理机联用，能自动画出色谱峰，打印出保留时间和测定结果，更加快了分析速度。

（3）分离的效能高。可以分离、分析沸点特别相近的复杂混合物。

（4）分离的选择性能高。可以分离、分析性质非常相似的同位素及烃类异构体。

（5）自动化程度高。

（6）使用的样品量少。液体样品为 1～20 μL，气体样品为 1～20 mL。

（7）应用范围广。可以分离、分析气体样品及容易挥发的或可以转化成易挥发的液体和固体。不仅可以分离、分析有色物质、无色物质、有机物质，也可以分离、分析部分无机物质、高分子和生物大分子。可以说凡是有分析任务的单位都会应用到气相色谱分析法。

（8）气相色谱分析法受样品蒸气压的限制，对于不挥发的物质和很多无机物质的分离、分析无能为力。只能在 500℃ 以下测定相对分子质量小于 400 的物质。

2）高效液相色谱分析法的特点

高效液相色谱法与早期的液相柱色谱法相比有很大的改进，它是在早期液相柱色谱法的基础上，引进了气相色谱法的理论（液相色谱法最早出现，但因为缺少自动、灵敏的检测器而比气相色谱法发展缓慢）来改进和发展的。它配备了无脉冲高压输液泵、高灵敏度的检测器和自动扫描、自动收集装置，使用颗粒直径小、分离效能高的填充色谱柱，具备了气相色谱法和液相色谱法的优点，其特点如下。

（1）适于分离、分析对热不稳定的或难挥发的物质。它只要求将样品制备成溶液，不要求气化，对于那些挥发性能低、受热而稳定性差的、相对分子质量大的高分子化合物有能力分离和分析。可以在高于 500℃ 的温度下测定相对分子质量达 2 000 的组分。

（2）检测器灵敏度高。检测被测物质的下限可以达 10^{-9}，这与气相色谱法相似。

（3）分析速度高。可以在约 1 min 的时间内，分离、分析七八个组分。

（4）分离的效能高。分离效能比气相色谱法高，色谱柱效理论塔板数 n 可达到 5 000 块/m。n 最高可达 40 000 块/m。而气相色谱法 n 只有 2 000 块/m。

（5）自动化的程度高。

（6）柱压比气相色谱法高。

（7）对试样的适用范围广。虽然高效液相色谱法不适用分离、分析气体物质，但它可以分离、分析具有一定溶解性的不挥发的或受热而不稳定的物质。这正好对气相色谱法只能限于分离、分析易挥发的对热稳定的物质是互相补充的。

（8）流动相可以灵活改变，可选择的范围广。

（9）分离后的组分容易收集。

（10）操作方便且安全。

（11）进样量大。一次可进样数克，便于制备大量物质。

高效液相色谱法在检测器的灵敏度、分离速度、分离效能和自动化程度等多方面都达到了与气相色谱法不相上下的程度。而且它兼有气相和液相色谱法两种方法的优点，与气相色谱一样也是一种很完善的分析手段。在农药、医药、有机化工、染料、生物、食品、高分子的分离、分析及高聚物分子量的测定方面得到广泛的应用。

3）气相色谱与高效液相色谱法的差异性

（1）两种色谱法的流动相的状态不同

气相色谱法是以惰性气体作流动相（载气），对于色谱柱的分离效果影响很小，它不起分离作用。通常是用改变色谱柱的温度和固定相来提高分离效果。

高效液相色谱法是以液体作流动相（溶剂、洗脱液、淋洗液），流动相是一种溶剂，它对组分有溶解能力，参与色谱柱对组分的分离过程，甚至起着主要作用，主要是通过改变流动相和固定相来提高分离效果。因为色谱柱的温度受流动相沸点的限制，液相色谱法不是通过改变柱温来提高分离效果的，它的柱温就是室温。

（2）两种色谱法的被分离组分分子在流动相中的扩散系数不同

气相色谱法的被分离组分分子在载气中的扩散系数大。

高效液相色谱法的被分离组分分子在液体溶剂中的扩散系数比在气相中小 4~5 个数量级。

（3）两种色谱法的流动相的黏度不同

气相色谱法中载气的黏度小，色谱柱较长，不少于 1 m。

高效液相色谱法中液体溶剂比气相中载气的黏度大 2 ~ 3 个数量级，色谱柱短，通常不超过 30 cm。

（4）两种色谱法的流动相的可压缩性不同

气相色谱法的载气容易被压缩，所以凡是与载气有关系的参数都必须校正。

高效液相色谱法的液体溶剂实际上是不可压缩的，不需校正。

4）高效液相色谱法与气相色谱法的相同性

这两种色谱分析法的基本术语和概念（包括保留值、分配系数、理论和有效塔板数、塔板高度、分离度、选择性等）相同，基本理论（如塔板理论和速率理论）相同，只不过因为高效液相色谱的流动相是液体，造成速率理论方程式的形式与气相色谱法不同。

5.2　色谱分离技术的原理

从 20 世纪 40 年代起，随着液相色谱技术的发展，许多研究者对色谱基础理论进行了不懈的研究，提出了众多理论。其中比较著名的有：平衡色谱理论、塔板理论、轴向扩散理论、速率理论、双膜理论等。

5.2.1　平衡色谱理论

早在 1940 年，Wilson 就提出了平衡色谱理论，随后 De-Vault 等应用这一理论解释实验现象，使这一理论得到了进一步发展。此理论认为在整个色谱过程中，组分在流动相和固定相之间的分配平衡能瞬时达成。平衡色谱理论能很好地解释实验过程中谱线的移动速度以及非线性等温线时的流出曲线形状。但是，由于这一理论忽略了传质速率的有限性与物质分子轴向扩散性的影响，因而不能解释线性色谱条件下的区域扩张现象。

5.2.2　塔板理论

1941 年，Martin 和 Synge 在提出分配色谱的论文中，阐述了色谱、蒸馏和萃取之间的相似性，提出了色谱的塔板理论。在这一理论中，他们将色谱过程比拟为蒸馏过程，把色谱看成是由一系列平衡单元——理论塔板——所组成。在每一个塔板高度内，组分在流动相和固定相之间的分配平衡能瞬时达成。在色谱柱足够长、理论塔板高度充分小以及线性等温线的条件下，塔板理论可以对色谱流出曲线分布、谱带移动规律以及柱长与理论塔板高度对区域扩张的影响等给予近似的说明。但是塔板理论对影响理论塔板高度的各种因素没有从本质上考虑，因而这一理论只是半经验式的理论，不能揭示色谱过程的本质。尽管如此，塔板理论对于色谱早期理论的发展还是作出了宝贵的贡献。而且，由于塔板理论能简单明了地说明柱效，所以仍为大多数色谱研究者所接受。

5.2.3　轴向扩散理论

为了进一步揭示色谱过程的本质，Amundson 等通过大量实验，提出了色谱的轴向扩散理论。这个理论认为，在色谱过程中，组分在流动中的轴向扩散是影响色谱区域谱带扩张的主要因素，而有限的传质速率对区域谱带扩张没有影响。当传质速率较快而轴向扩散为区域扩张的主要因素时，轴向扩散理论具有较好的指导意义。例如，在气相色谱中，当流动相的流速较低且柱温较高时，轴向扩散理论能很好地解释实验结果。

5.2.4　速率理论

考虑到色谱过程中组分在流动相和固定相之间传质速率的有限性，Goldstein 等提出了不考虑轴向扩散影响的速率理论。这个理论认为组分在流动相和固定相之间有限的传质速率是影响色谱区域谱带扩张的主要因素，而轴向扩散的影响可以忽略。在液相色谱中，当轴向扩散的影响可以忽略时，速率理论具有重要的指导意义。Van Deemter 等结合实验结果，提出了著名的 Van Deemter 方程。

5.2.5　双膜理论

为了更全面地揭示色谱过程的本质，Funk 等提出了既考虑轴向扩散又考虑传质影响的双膜色谱理论。Funk 等把流动相和固定相看成是两块相互紧密接触的平面薄膜，整个传质阻力由流动相膜的传质阻力和固定相膜的传质阻力所构成，组分在界面接触处达到分配平衡。

5.3　色谱分离技术的主要设备及工艺流程

5.3.1　气相色谱仪

1）气相色谱仪的分类

气相色谱仪的分类如下。

（1）按仪器的气路可分为单柱单气路气相色谱仪和双柱双气路气相色谱仪。单柱单气路气相色谱仪结构简单，适用于恒温分析。双柱双气路气相色谱仪适用于程序升温，现在生产的多为此类仪器。

（2）按仪器的使用情况可分为实验室气相色谱仪和工业气相色谱仪。

2）气相色谱仪的组成

以热导池作检测器的单柱单气路气相色谱仪的组成、原理及流程见图5-1。

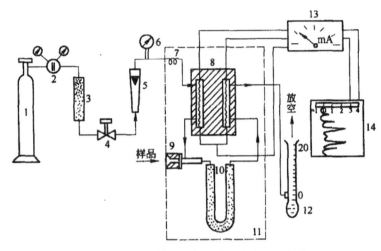

图 5-1 气相色谱仪组成、原理和流程示意图

1—载气高压钢瓶；2—减压阀；3—气体净化干燥管；4—减压针形阀；5—转子流量计；6—柱前压力表；
7—预热管；8—热导池检测器；9—进样器；10—色谱柱；11—恒温箱；12—皂膜流速计；13—电桥线路；
14—记录仪（电子电位差计）

高压钢瓶 1 内盛有流动相载气，减压阀 2 开启后，载气经过气体净化干燥管 3 除去水分、杂质和油污，再经过减压针形阀 4 稳定载气流速，并经转子流量计 5 指示载气的流量，经柱前压力表 6 指示色谱往前的压力，经预热管 7 预热载气，进入热导池检测器 8 的参考壁（只有载气通过的壁），样品由进样器 9 注入色谱柱 10 的柱头，在气化室被气化后，再由载气载带着在色谱柱中将混合物中先后被分离的组分先后载带着流出柱进入热导池检测器 8 的测量壁（载气和组分通过的壁），将组分浓度的变化转变成电信号，经惠斯顿平衡电桥线路 13 进入电子电位差计 14，记录各组分色谱峰的大小，色谱峰的面积与组分的含量成正比关系。

单柱单气路气相色谱仪的气化室、色谱柱和检测器是在恒温箱 11 中。而皂膜流速计 12 的作用是在进样前测量载气的流量，即体积流速（mL／min），以及校正转子流量计的格数与体积流速单位 mL／min 之间的关系。此时载气放空，引出室外。气相色谱仪由 6 部分组成，即载气、进样、柱分离、检测、温度控制、记录或微机处理。

5.3.2 高效液相色谱仪的组成

高效液相色谱仪的组成、原理及流程示意见图 5-2。

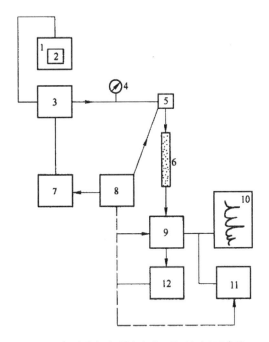

图 5-2　高效液相色谱仪组成、原理和流程示意图

1—贮液器；2—过滤器；3—高压输液泵；4—压力表；5—进样器；6—色谱柱；7—梯度洗脱；8—微机处理机；
9—检测器；10—记录器；11—色谱数据处理机；12—馏分收集器

在图 5-2 中，贮液器 1 是惰性的、不与流动相发生化学反应的容器，多用玻璃瓶。过滤器 2 用来滤除肉眼看不见的固体微粒，应使用新过滤的流动相。流动相在使用前还应脱去溶解在其中的气体，以防气泡进入检测器而影响工作。高压输液泵 3 将流动相（溶剂、淋洗液）高压输送入分析色谱柱 6 中，样品由进样器 5 注入，随流动相进入色谱柱，梯度洗脱 7 在一个分析周期里连续改变流动相的配比，将已注入色谱柱的混合物样品淋洗分离后，经过检测器 9 先后将各组分转变成相应的信号值，由记录器 10 记录色谱峰，或由色谱数据处理机 11 记录色谱峰，并且积分各组分色谱峰面积，自动计算、打印出分析结果。

任何一种高效液相色谱仪都有 7 个重要的组成部分，即高压输液泵、梯度洗脱装置、进样装置、色谱柱、检测器、微机处理机、记录器或色谱数据处理机。

5.4　色谱分离技术在水产品中的应用

5.4.1　超高效液相色谱–串联质谱法快速测定水产加工食品中的河豚毒素

　　河豚毒素（Tetrodotoxin，TTX）是小分子量非蛋白性神经毒素，其化学结构独特，毒性强烈，1 g河豚毒素的毒性是1 g氰化物的1万倍。TTX除存在于河豚鱼体内，还广泛分布于多种海洋脊椎动物（鱼类、两栖类）和无脊椎动物（腹足类、头足类、蟹类、海星以及海洋细菌等）体内。TTX对热稳定，盐腌或日晒亦不能使之破坏，很多海洋食品中毒事件都与TTX有关。TTX中毒通过对钠离子通道的阻断作用而抑制神经冲动的传导，主要临床表现为知觉麻痹、运动障碍、头晕头痛、恶心呕吐、血压下降、呼吸困难，严重者因呼吸衰竭而死亡，而目前尚无治疗河豚毒素中毒的特效药。水产加工食品从外观上很难判断原料产品的种类和品质，一些不法商贩将劣质原料掺杂在正常原料中降低加工成本，使水产加工食品的TTX残留风险大大提高。近年来已出现因食用劣质鱼片导致河豚毒素中毒事件的报道。河豚毒素的传统检测方法主要有生物测定法、物理化学检测法和免疫学检测法，近年来新出现并发展较快的方法有色谱法、液相色谱–串联质谱法、生物传感器和离子色谱法等。液相色谱–串联质谱法因能对TTX进行定性、定量分析，可避免生物法、免疫法在特异性和准确性方面的欠缺，也可弥补色谱法定性困难的不足，而成为目前国际上广泛采用的TTX分析方法。王智等（2013）建立了快速测定水产加工食品中河豚毒素的超高效液相色谱–串联质谱（UPLC–MS/MS）分析方法。样品经0.1%乙酸水溶液提取、C_{18}萃取剂分散固相萃取净化、超滤管过滤后进行分析。目标物TTX采用TSK–gelAmide–80亲水色谱柱进行分离，以电喷雾离子源、多反应监测（MRM）正离子模式检测，基质标准曲线校正，外标法定量。结果表明，TTX在2~200 ng/mL范围内线性良好（r_2 > 0.999），方法的定量限为10 μg/kg，加标回收率为71.2%~102%，相对标准偏差（RSD）为5.23%~12.4%。方法操作简便，准确度和精密度良好，可用于烤鱼片、鱼干等干制水产加工食品中河豚毒素的测定，具有较好的应用价值。

5.4.2　气相色谱–质谱联用法测定水产加工品中胆固醇氧化物

　　一般新鲜的水产品中不含有胆固醇氧化物，但加工过程中常常产生胆固醇氧化物（Cholesterol Oxidation Products，COPs），这主要是在光照、加热等环境因素影响时，氧化反应就在胆固醇内部快速进行，例如脱氢等反应，会造成多种胆固醇氧化产物的产生，其侧链的长度可以决定其自氧化反应的速度，同时有些自氧化反应需要酶的参与。胆固醇氧化发生在其 C_7、C_{20} 和 C_{25} 位置上，启动氧化时，其 C_7 位上脱去一个氢，在加上氧后导致形成了差向异构体：3β–羟胆固醇基–5–烯–7α–氢过氧化物和 3β–羟胆固醇基–5–烯–7β–氢过氧化物，其中后者较为稳定。胆固醇氧化物在人体内可造成 DNA 的损坏、细胞毒性增强以及致癌性和致突变性危害，胆固醇氧化物的聚集也会造成血管内膜损伤、神经衰弱和诱发动脉粥样硬化等慢性疾病，对人体的健康产生很大的潜在威胁。一些国内外专家和学者对水产加工品中的胆固醇氧化物进行了测定，但主要集中在使用 Folch 试剂萃取胆固醇氧化物、气相色谱法进行检测，此类方法中的 Folch 试剂毒性较大，萃取时间较长，不符合绿色化学的要求，而且气相色谱仪对胆固醇氧化物检测范围狭窄，灵敏度低。方益等（2015）建立了一种加速溶剂萃取–凝胶色谱净化–气相色谱/质谱联用法快速测定水产加工品中胆固醇氧化物含量的分析方法。采用此分析方法，测定了胆甾烯酮、7β–羟基胆固醇、5β，6β–环氧化胆固醇、5α，6α–环氧化胆固醇、20α–羟基胆固醇、3β，5α，6β–胆甾烷三醇、6–酮基胆固醇、7–酮基胆固醇等 8 种化合物，优化了加速溶剂萃取仪、凝胶净化色谱仪、气相色谱/质谱联用仪的条件，在 10~1 000 ng/mL 范围内，线性相关系数可达 0.999 5 以上；重现性良好，其相对标准偏差小于 7%；回收率可达 76%~103%；其灵敏度高，方法检测限低——8 种胆固醇氧化物为 0.1 μg/kg 以下，适用于水产加工品中胆固醇氧化物的检测工作。

5.4.3　离子色谱法分析水产加工食品中亚硫酸盐

亚硫酸盐（SO_2—）作为添剂，在食品中应用十分广泛。食品中的亚硫酸盐主要来源于食品加工工艺中用于漂白、防腐、脱色、抗氧化和防腐作用。亚硫酸盐与食品中的糖、蛋白质、色素、酶、维生素、醛、酮等作用后，以游离型和结合型的 SO_2—形式残留在食品中；人体摄入亚硫酸盐后，多数会转化成硫酸盐，随着尿液排出，但摄入过多的亚硫酸盐将无法转化成硫酸盐，可能会产生不同程度的过敏反应，而引起气喘或呼吸困难。亚硫酸盐会与人体的钙结合，造成骨质流失的可能，还会对染色体和 DNA 造成损伤。因此，许多国家对其在食品中的残留量有严格的控制。现有检测食品中亚硫酸盐的标准检测方法有比色法、碘量法、蒸馏 – 碱滴定法等。由于上述方法的吸收液含汞和铅，毒性较大且易造成污染、操作繁琐、灵敏度低、试剂费用高、人为误差较大等。周玉文等（2011）建立了等度离子色谱–电导检测器分析水产类加工食品中亚硫酸盐的方法。样品采用 1.0 mol/L 的 NaOH 溶液萃取，甲醛作稳定剂，经 OnGuard Ⅱ Ag 柱、C_{18} 柱和 Na 柱，以达到离子色谱的分析要求。经实验采用 Ion-PacAS11 – HC 型分离柱对分离条件进行优化，确定柱温为 30℃、淋洗液为 20 mmol/L 的 KOH 溶液。

在 0 ~ 10.0 mg/L 范围内亚硫酸盐残留量呈良好线形，相关系数为 0.999 71，回收率为 86.0% ~ 96.0%。方法简便实用，准确度高，效果良好。

5.4.4 高效液相色谱法测定鱼样中脂溶性维生素

脂溶性维生素是机体维持正常代谢和机能的必需物质，对动物生长、骨骼及视力发育、繁殖和免疫功能的影响尤为重要。在水产动物营养研究中，维生素营养的研究已经开展了很多，通常以动物组织中的维生素最大蓄积量作为维生素需要量的判断标准。因此，研究组织中维生素含量的检测方法、减少样品处理次数、提高检测效率显得尤为重要。有关维生素的分析方法较多，有一般化学分析法、分光光度法、分子荧光法、气相色谱法、高效液相色谱法和微生物法等，其中高效液相色谱法的灵敏度高、重现性好、操作简便，能实现多种维生素的同时分析，因而应用最广泛。尤其是用于脂溶性维生素的测定更为简便。谭青松等（2007）采用一次进样同时检测鱼体组织中的维生素 A、维生素 D_3 和维生素 E 的方法。以石油醚提取鱼体组织中的脂溶性维生素，流动相为甲醇–水，流速为 1.0 mL/min，对提取物中的 3 种脂溶性维生素进行了良好分离。结果表明，在 292 nm 波长下，维生素 A、维生素 D_3 和维生素 E 分别在 0 ~ 15 μg/mL、0 ~ 10 μg/mL 和 0 ~ 20 μg/mL 范围内的进样量与峰面积的线性关系良好。各维生素的检测限：维生素 A 为 0.8×10^{-3} ng，维生素 D_3 为 0.06×10^{-3} ng，维生素 E 为 9.0×10^{-3} ng。以石油醚提取鱼体组织中的脂溶性维生素，采用反相高效液相色谱仪在波长 292 nm 处可同时对鱼体组织中维生素 A、维生素 D_3 和维生素 E 进行较好的分离和测定。林情员（2009）将鱼肝经添加无水硫酸钠研磨、均质后，用无水乙醚提取维生素 A（视黄醇，Retinol），用高效液相色谱法检测。流动相：乙腈：甲醇=80：20，流速：0.8 mL/min，柱温 40℃，紫外检测波长 325 nm，进样量 20 μL。该方法浓度检测低限 0.007 μg/mL，浓度定量低限 0.023 μg/mL，在 0.05 μg/mL 至 10.0 μg/mL 之间线性良好，相关系数 0.999 8，回收率为 91% ~ 96%，相对标准偏差为 2.0% ~ 3.1%。该方法步骤简易、结果准确。

刁全平等（2008）采用 Bligh-Dyer 提取法对三文鱼鱼肉中的脂肪酸进行提取，利用气相色谱–质谱联用仪进行分析测定，共检测出 25 种脂肪酸。不饱和脂肪酸为 16 种，相对百分含量占检出所有脂肪酸的 71.90%。其中，二十碳五烯酸（EPA）为 9.46%，二十二碳六烯酸（DHA）为 11.77%，同时检出了 15–二十四碳烯酸（NA）。

5.4.5 气相色谱–质谱–嗅觉检测器联用分析鱼肉中的挥发性成分

赵庆喜等（2007）用微波蒸馏（MD）–固相微萃取装置（SPME）提取鳙鱼鱼肉

中的挥发性成分，利用气相色谱–质谱联用仪（GC-MS）对气味化合物成分进行了定性分析，同时利用嗅觉检测器鉴别了部分挥发性物质的气味特征。实验中优化了 MD 的操作条件（加热功率、加热时间及载气流速等）、SPME 参数（萃取头种类、萃取温度、萃取时间、无机盐离子浓度及搅拌速率等）。通过 NIST02 质谱数据库检索共定性确定出鳙鱼鱼肉挥发性成分中的 53 种化合物，其中主要为 $C_6 \sim C_9$ 的羰基化合物和挥发性醇类。经过嗅觉检测器分析，这些成分分别具有青草味、鱼腥味、泥土味等气味特征，其协同作用构成了鳙鱼鱼肉特殊的鱼腥味、泥腥味。该方法可用于水产品中挥发性成分的分析，并可为不良风味化合物的定量研究提供参考。吴海燕等（2009）采用固相微萃取–气相色谱–质谱联用法分析、鉴定金丝鱼腌制前后的风味成分，研究腌制对金丝鱼风味的影响。经 NIST 质谱数据库检索和文献对照，各检出 58、68 种成分，其中以羰基化合物和醇类为主，腌制前后分别高达 58.11% 和 72.60%。3–甲基–1–丁醇、1–戊烯–3–醇、1–辛烯–3–醇、2–丁酮、3–甲基丁酸等是金丝鱼特征香气成分，甲基酮和短链不饱和醛及含硫化合物是影响腌制鱼风味的主要成分。腌制后的鱼风味柔和清香，优于未经腌制的制品。杨远帆（2008）对鱼露风味物质的萃取溶剂及气相色谱分析条件进行了初步研究，发现乙酸乙酯是最适于萃取鱼露风味物质的溶剂。用单因素试验优化的鱼露风味物质的气相色谱分析条件为:毛细管色谱柱 CP-Sil-8cb，载气为 99.999% 的氮气，载气的柱流速为 3 mL/min，进样量为 1 μL，分流比为 100∶1，氢气流速为 30 mL/min，空气流速为 300 mL/min，尾吹气流速为 27 mL/min，初始柱温为 30℃，以 5℃/min 程序升温至 120℃，继续以 12℃/min 程序升温至 180℃，保持 4 min，进样口温度为 200℃，FID 检测器的温度为 250℃。在此条件下，共有 44 种成分得到了分离，其中 24 种成分达到了基线分离。

5.4.6　色谱联用分析水产品的农药残留

位绍红（2010）建立了用高效液相色谱法测定鲈鱼中喹烯酮残留量的方法。样品采用乙酸乙酯提取，正己烷净化，高效液相色谱法进行定量分析。结果表明，在 0.02 ～ 1.0 μg/mL 范围内喹烯酮的响应值与浓度呈良好线性关系，线性回归方程为 $y=4.96\times10^4x-6.15\times10^{-1}$，相关系数 $r=0.9998$，方法定量限为 50 μg/kg。在添加浓度 20 ～ 200 μg/kg，回收率在 70.0% ～ 92.6% 之间，相对标准偏差为 1.86% ～ 3.30%。该方法前处理过程简便快捷，准确性高，结果可靠，可满足实验室大量、快速分析的需求。曹军等（2010）以冰乙酸–乙腈溶液为萃取溶剂，采用乙二胺–N–丙基硅烷（PSA）、C_{18} 和石墨化炭黑固相材料分散净化技术，以气相色谱–电子捕获检测器测定银鱼中 6 种拟除虫菊酯类农药（联苯菊酯、甲氰菊酯、高效氯氟氰菊酯、氯氰菊酯、氰戊菊酯和溴氰菊酯）。该方法在 0.05~1.0 mg/L 范围内呈线性关系。方法的检出限（3S/N）:氯氰菊酯为 0.02 mg/kg，其余 5 种拟除虫菊酯均为 0.01 mg/kg。以银鱼试样为基体，加入两种不同浓度的 6 种拟除虫菊酯标准溶液作回收试验，测得回收率在 82.9%~106.1% 之间，相对标准偏差（n=6）在 2.9%~7.1%之间。张晓波（2005）应用气相色谱–质谱（GC-MS）联用检测了国产新杀虫剂杀虫双。试样（5 g）经用 0.1 mol/LHCl 提取，并经离心分离除去不溶物。所得澄清试液，用 0.1 mol/L NaOH 溶液调节至 pH 9，再用 0.1 mol/L 硫化钠处理，随后用 CHC_{13} 萃取，将萃取液蒸至近干用甲醇 1 mL 定容。此溶液供 GC-MS 检测。气相色谱分析时用弹性石英毛细管色谱柱（DB1701，30 m×0.25 mm，0.25 μm）。质谱测定中 SIM 模式的特征离子为 m/z70、103 和 149。用不同浓度的杀虫双标准溶液（0.1、0.2、0.5 和 1.0 mg/L）制作标准曲线作为定量依据。用标准加入法进行平行 12 次测定，得到 RSD 在 8.5%~16.8%之间，回收率在 80%~91%之间。

李荣等（2010）建立了利用电子捕获气相色谱（GC-ECD）法同时测定和气相色谱–离子阱–多级质谱（GC-IT-MS/MS）法定量确证鱼体中 19 种有机氯农药残留量的检测方法。采取浸渍–振荡法提取目标物，净化应用固相萃取法（脂肪含量≤1.0%）和凝胶色谱法，浓缩和定容后上机测定。19 种有机氯农药标准溶液的灵敏度在 0.08～1.40 μg/L（S/N=3）范围内；草鱼肌肉空白组织中添加浓度为 2～10 μg/kg 时，其平均回收率在 80.2%～94.9%，相对标准偏差低于 10%；GC-ECD 法和 GC-IT-MS/MS 法的定量限（LOQ，S/N=10）分别为 0.07～1.44 μg/kg 和 0.14～4.27 μg/kg。本方法被成功地应用于长江圆口铜鱼体中多种有机氯农药残留量的同时测定。

刘红河等（2009）建立了高效液相色谱–电喷雾串联质谱法测定鱼体中雪卡毒素 P–CTX1 含量的方法。鱼类样品经丙酮提取后，用冷冻脱脂，经 PSA 固相萃取柱净化后，C_{18} 色谱柱分离，采用电喷雾串联四极杆质谱进行检测。结果表明，雪卡毒素在 0.5～20 μg/L 范围时，线性关系良好（r = 0.999 8）。P-CTX1 在添加浓度为 1.0～20.0 ng/kg 范围内的平均回收率为 82.3%～87.2%，相对标准偏差小于 7.8%，方法的定量检出限为 0.1 μg/L。

5.5　色谱分离技术新进展

目前在色谱技术发展过程中，有越来越多的更新与发展，出现了各式各样的色谱技术，它们各自都具有自身独特的优势，未来在不同的应用领域，根据自身特点，可以制定相应的生产策略，选用适合自身的色谱技术。同时，在对分离分析越来越高的工业生产中，还应该注意将不同色谱技术进行不同的优化组合，探索适合自身企业生产的色谱组合模式，使生产达到效率的最大化。最后，色谱技术即使现在已经有了长足的进步与发展，但色谱分离仍然是一项较为复杂的技术，仍然有着较大的创新发展潜力，尤其在交叉学科飞速发展的今天，还应根据色谱原理联合不同学科的技术，进行色谱技术的创新发展及不同技术领域的综合应用，创新色谱技术，实现色谱效率的最大化应用。

5.5.1 高速逆流色谱分离

自从 20 世纪 80 年代初，美国 Ito 教授研制出了高速逆流色谱（High-speed Counter-current Chromatography，HSCCC），很快地 HSCCC 在生物化学、医药学、食品、地质、农业、环境、材料、化工、海洋生物等众多领域被广泛应用。因 HSCCC 可采用不同物化特性的溶剂体系和多样性的操作条件，具有较强的适应性，为从复杂的天然产物粗制品中提取不同特性（如不同极性）的有效成分提供了有利条件。因此，在 80 年代后期，HSCCC 被大量用于天然产物化学成分的分析和制备分离。所涉及的天然产物包括黄酮类、糖类、皂苷类、生物碱类、蒽醌类、多酚类、香豆素类、多肽，以及蛋白质、多糖、细胞、抗生素、紫胶染料等生物大分子物质和稀有元素、重金属元素等无机物。

1）HSCCC 原理和特点

HSCCC 是一种基于液–液多级逆流萃取建立的色谱体系，它利用溶质在两种互不相溶的溶剂系统中分配系数的不同而实现分离。互不相溶的两相溶剂在高速旋转的螺旋管内建立起一种特殊的单向性流体动力学平衡，两相分别为固定相和流动相，其中固定相以一种相对均匀的方式分布在一根聚四氟乙稀管绕城的螺旋管中，固定相和流动相在螺旋管中高效地接触、混合、分配，从而实现流动相高速移动时固定相大量保留。利用中压泵匀速地将流动相送入中，样品随其在柱中与固定相不断接触和分配，根据样品的极性不同，其各个组分的分配系数存在差异，致使在螺旋柱中随着流动相转移的速度不同而达到分离。分配系数相差越大，组分之间分离越明显。

HSCCC 技术不用任何固态支撑体，从而具有诸多优点：排除了对样品的玷染、失活、变性等影响，能实现对复杂混合物中各组分的高纯度制备量分离；避免了有效成分被固相载体的不可逆吸附和峰形拖尾等缺点。样品粗提物可进样分离，分离纯化与制备可同步完成，有机溶剂消耗少，无损失、无污染，能高效、快速和大制备量分离。柱子可以用合适的溶剂很容易地洗清，可重复使用。滞留在柱中的样品可以通过多种洗脱方式予以完全回收。

另外，与高效液相色谱法相比，HSCCC 具有重现性好、分离度高、操作简便等优点，而且 HSCCC 进样量较大，最多可达几克，是 HPLC 的数百倍；而与常压和低压色谱相比，HSCCC 的分离能力强，有的样品经过一次分离就可以得到 1 个甚至多个单体，并且分离时间也较短，一般几小时就可以完成一次分离。

2）HSCCC 应用

HSCCC 不仅仅运用在天然产物和中药有效成分的分离提取上，而且在食品、蛋白质和多肽、抗生素的分离纯化等方面都有应用。比如 Oka 等（1998）以叔丁基甲基醚–正丁醇–乙腈–水（2∶2∶1∶5）溶剂体系对虫胶进行分离，得 4 种乳酸 A、B、C 和 E，其纯度经 HPLC 鉴定分别达到 97.2%、98.1%、98.2% 和 95.0%；Harada 等（2001）采用正丁醇–乙酸乙酯–0.005 mol/L 三氟乙酸（1.25∶3.75∶5）的溶剂体系，从溶解杆菌（Lysobacter）发酵液分离的 WAP-8294A 混合物中分离得到了对耐甲氧西林金黄色葡萄球菌有较强抗性的 WAP-8294A。

除了基于常规的 HSCCC 技术，随着研究运用的深入，人们又发展了多种 HSCCC 技术，如双向逆流色谱（Dual Counter Current Chromatography，DuCCC）、正交轴逆流色谱（Cross-axis Coil Planet Centrifuge，X-axisCPC）、pH–区带精制逆流色谱（pH-zone-refiningCCC）、HSCCC 与质谱（MS）联用等。

DuCCC 的两相都是流动相，没有固定相存在，适合于分离极性范围分布较宽的多组分天然粗提物。X-axisCPC 的螺旋管支持件的自转轴和公转轴相互垂直，产生三维的不对称离心力场，适用于生物大分子样品的分离制备。H-zone-refiningCCC 是依据物质的解离常数和疏水性的不同而实现分离的，适合于有机酸、有机碱的分离。HSCCC 和 MS 联用技术则把逆流色谱分离的多样性与质谱的高灵敏度和结构分析特性良好地结合在一起，广泛应用于天然产物、药物和其他生化物质的分离分析。

近年来，国内外每年都不断有新的 HSCCC 技术和应用涌现。常规的 HSCCC 技术是与紫外检测器连用，但随着研究的深入，HSCCC 日益与质谱（MS）、傅立叶红外光谱（FTIR）、蒸发光散射（ELSD）以及其他新型检测器连用，为 HSCCC 技术的应用提供了新型多维分离分析方法，为制备标准品、建立指纹图谱、研究天然药物化学成分以及开发新药等提供了强大的技术支持。HSCCC 尤其适用于天然产物和药物的提取分离，而我国是一个动植物等自然资源极其丰富的资源大国，因而 HSCCC 这项技术的运用和发展就更具有特别的意义。作为一种方兴未艾的优势技术，随着越来越多的研究者加入，HSCCC 必将更多地用于生命科学、生物医药、食品、化工、材料、环境、地质等工农业生产领域。

5.5.2 超临界流体色谱分离技术

超临界流体色谱（Supercritical Fluid Chromatography，简称 SFC）是指以超临界流体为流动相、以固体吸附剂（如硅胶）或键合到载体（或毛细管壁）上的高聚物为固定相的色谱。混合物在 SFC 上的分离机理与气相色谱（GC）及液相色谱（LC）一样，即基于各化合物在两相间的分配系数不同而得到分离。SFC 始于 20 世纪 60 年代，直到 20 世纪 80 年代早期开发成功了空心毛细管柱式 SFC，应用于分析领域。由于流动相的使用量很小，因此使得流动相的使用范围得以扩大，甚至一些有毒的、贵重的流体也被用作流动相。随着微柱高效液相色谱（HPLC）的发展，出现了填充柱式 SFC。这类色谱采用 HPLC 普遍使用的柱子和填料，根据流动相的特点，由 HPLC 改装而成，成功地用于分析某些热敏性、低挥发性、极性化合物。对于填充柱式 SFC，其样品的分离和收集被认为优于毛细管 GC 和 HPLC。由于超临界流体的高扩散性和低黏性使分离速度加快，同时由于密度的变化可直接影响流动相的溶剂化能力，因此可通过改变影响密度的因素（如压力、温度等）较容易地使欲分离物质从流动相中分离出来、收集起来。因此，填充柱式 SFC 不仅可用于物质的分析，而且在此基础上发展了制备型 SFC。

超临界流体是指温度和压力高于其临界值时的一种物质状态，兼具气体和液体的特点，具有以下性质。

（1）其扩散系数高于液体 1 ~ 2 个数量级，这种高扩散性在传质过程中使得 SFC 流动相的最佳流速总是高于 LC。因此，达到相同的分离效率，SFC 往往比 LC 快。

（2）超临界流体的黏度比液体低 2 个数量级，故使柱压降在相同的条件下要比 LC 的降低许多，这也是 SFC 的分离速度快于 LC 的一个重要原因。

（3）超临界流体的密度与液体相似，为气体的 200 ~ 500 倍，使分子间的作用力增加，从而增强了其溶剂化能力，并且其密度随压力可调，尤其在临界温度附近，压力的微小变化可引起密度的较大变化。因此，可通过调节压力来实现对不同物质的分离。SFC 可用于分离和分析一些 GC 和 LC 难以分离分析的物质，尤其在分析分离一些热敏性、低挥发性等化合物方面表现出优越性。

SFC 可采用 GC 和 LC 的检测器，通常在低压和常压条件下使用。目前，SFC 中最常用的检测器为紫外（UV）检测器和氢焰离子化检测器（FID），它们具有灵敏和高选择性的特点。一般地，对于以纯 CO_2 为流动相的分离体系可采用 FID，尤其在空心管式 SFC 中使用比较多；而对于有谱学特征吸收峰的物质可采用紫外、红外等信息光谱型检测器。傅立叶变换红外（FTIR）检测的优点是人们能从柱上流出的化合物中获得分子结构信息。SFC 与质谱联用将物质分离、鉴别结合在一起，成为非常有效的分析手段，Combs 等对这方面的研究进行了系统总结。核磁共振作为结构鉴定的手段在 SFC 中也占有重要位置，Albert 评述了核磁共振与 SFC 联用的原理、研究进展和应用实例，他所在的研究组对核磁共振与 SFC 联用进行改进，得到了能进行 1HNMR 谱原位检测的 SFC。元素选择性光学检测器，如微波诱导等离子体检测器、无线电频率等离子体检测器、ICP 检测器，用于金属有机化合物的检测，在 SFC 中被广泛采用。Shi 等（1997）采用了硫元素选择性检测器，最低检测量可达到 3 pg；而 Strode 等（1998）则研究了氮元素选择性检测器，能有效地检测含氮化合物。另外，荧光检测器、电流检测器、电子捕获检测器、激光散射检测器及火焰光度检测器等都作为检测手段在 SFC 中得到良好应用。

SFC 作为超临界流体技术发展的一个重要分支，在色谱领域得到迅速发展。目前，分析型 SFC 已出现了商品化仪器，实验室规模的制备型 SFC 已研制成功，SFC 在热力学方面的应用研究也引起了广泛的重视。从研究和应用情况来看，SFC 尚不能取代已有的 GC 和 LC，只能作为色谱领域中的一种补充手段。由于超临界流体的特殊性，SFC 在药物分析中的应用将越来越重要，在化合物的分离制备方面也将优于制备型 HPLC，从而得到重视和应用。

5.5.3　连续床色谱分离技术

高效液相色谱作为一种有效的分离手段，在生物技术产品的制备中发挥着十分重要的作用。但在对传统层析柱效影响因素进行的理论分析中，认为待分离物质的相对分子质量如超过 105，则作为柱填料的多孔小球的最佳直径应小于 1 μm。但是采用如此小的颗粒介质，目前在技术上要受到许多限制，如填充问题（操作压力很大）、死体积（要求很小）等，并且根据传统色谱理论，色谱柱塔板高度与流速的比值存在一个最小值。但由于分辨率随着塔板高度的减小而增加，这样分辨率便又存在一个最大值。分离大分子物质时，在最佳分辨率下，所需采用的流速往往太小，分离时间过长。实际操作中往往会选择一较高的流速，以牺牲分辨率来加快分离速度。那么能否设计出一种新的色谱柱，使其分辨率与流速无关或者随流速增大分辨率反而增加呢？

1989 年，瑞典 Uppsala 大学生物化学系的 S. Hjerten 提出了连续床的概念，它是将功能单体直接在柱中聚合得到。1992 年，美国康奈尔大学化学系贝克实验室 Frantiseksvec 小组制备了一种与前者类似的色谱柱，他们称之为"连续棒"，也是由大孔聚合物制得。该连续棒用于反相色谱分离蛋白质获得了与 S. Hjerten 的连续床相同的效果。

连续床色谱实际上是吸取了无孔填料和膜的快速分离能力，以及 HPLC 多孔填料的高容量而又没有增加柱阻力这两方面的优点而发展出的一个很有意义的新产物，具有以下几个特点。

（1）整个床层高度均匀，分辨率高，不存在粒子间空隙体积，没有颗粒粒度大小不均匀或填充不均匀造成的峰展宽。

（2）可在高流速下操作。连续床具有大量不规则的无孔渠道，粗糙的渠道内表面提高了蛋白质的吸附容量，再加上消除了内扩散阻力，所以即使在高流速下仍能达到很高的动态吸附容量，明显优于目前常用的 Sepharose Fast Flow，并且解决了传统柱层析中理论等板高度与流速之间的矛盾。

（3）制备成本低。可直接在层析柱内交联，省去了复杂的传统颗粒制备工艺及层析柱填充工艺。同时，降低了有机溶剂的消耗，实现了在水溶液中的进行。

（4）使用寿命长，稳定性好。由于整个床层结构均匀，即使使用 1 年以上仍可保持很高的分辨率和可重复性。既可用于蛋白质的分离制备，又可用于生化分析。

（5）简化了介质的衍生。传统色谱介质通常分两步合成，首先是颗粒介质的制备，然后与配基固定衍生。而连续床介质的合成和衍生是一步完成的，如在一种阳离子交换剂的制备中，就是直接将丙烯酸加入到含有丙烯酰胺、交联剂和盐的水溶液中来完成的。

（6）分辨率、吸附容量、流速（给定压力下的运行时间）都可通过改变制备过程中单体溶液的组成来调节。

目前，连续床制备中最大的问题是聚合条件的实验，如温度、pH 值、时间以及各组成的浓度等，希望能找到最佳条件，以便在压缩后，渠道直径不能太小而让流动相不能通过。另一问题是连续床渠道壁不能太软而易变形或太硬而易脆，故需寻找更好的单体。尽管连续床层析还存在上述问题，但它以引人注目的各种优点，如高分辨率、快速、低成本等，赢得了人们的青睐。它不仅会在实验室得到广泛应用，而且在大规模制备色谱领域内也具有极大的潜力。

本章小结

1. 色谱技术根据不同的分类方法有着不同的分类方式，按两相所处的状态分气相色谱法和液相色谱法；按色谱分离过程的物化原理分吸附色谱法；分配色谱法和离子交换色谱法；按固定相被固定的形状分柱色谱法、薄层色谱法和纸色谱法。

2. 气相色谱的分析原理是使混合物各组分在两相间进行分配，其中一相是不动的固定床，叫固定相；另一相则是推动混合物流过此固定相的流体叫流动相。由于各组分性质和结构上的不同，相互作用的大小、强弱有差异，因此在同一推动力作用下，不同组分在固定相中滞留时间有长有短，从而按先后移动速度不同的次序从固定相中流出，然后经检测器将流出物以色谱峰形式记录在记录仪上。

3. 高效液相色谱常用的 4 种方法选择原则是：对于相对分子质量大于 10 000 的物质的分离主要适合选用凝胶色谱；低相对分子质量的离子化合物的分离较适合选用离子交换色谱；对于极性小的非离子化合物最适用分配色谱；而对于要分离非极性物质、结构异构以及从脂肪醇中分离脂肪族氢化合物等最好要选用吸附色谱。

4. 色谱分离技术的原理比较著名的有平衡色谱理论、塔板理论、轴向扩散理论、速率理论和双膜理论。任何一种高效液相色谱仪都有 7 个重要的组成部分，即高压输液泵、梯度洗脱装置、进样装置、色谱柱、检测器、微机处理机、记录器或色谱数据处理机。

5. 色谱分离技术在水产品中的应用主要体现在快速测定水产加工食品中的河豚毒素、测定水产加工品中胆固醇氧化物、离子色谱法分析水产加工食品中亚硫酸盐、测定鱼样中脂溶性维生素、气相色谱–质谱–嗅觉检测器联用分析鱼肉中的挥发性成分、色谱联用分析水产品的农药残留等。

思考题

1. 简述色谱分离技术的概念。
2. 色谱分离技术的特性有哪些？
3. 色谱分离技术新进展有哪些？各有何特点？
4. 除了文中提到的色谱分离技术在水产品中的应用实例外，还有哪些具体的应用？请查文献整理一篇综述。

第6章　超声波辅助萃取技术及其在水产品中的应用

教学目标

1. 了解：超声波辅助萃取技术的基本概念及主要设备；超声波辅助萃取技术存在的问题。
2. 理解：超声波的特性；超声波辅助萃取技术的发展方向及在水产品中的应用。
3. 掌握：超声波萃取技术的特点及基本原理。

超声波萃取亦称为超声波辅助萃取、超声波提取，是利用超声波辐射压强产生的强烈空化效应、扰动效应、高加速度、击碎和搅拌作用等多级效应，增大物质分子运动频率和速度，增加溶剂穿透力，从而加速目标成分进入溶剂，促进提取的进行。本章主要介绍超声波辅助萃取技术的基本概念、超声波萃取技术的特点；详细叙述超声波辅助萃取技术的基本原理、超声波辅助萃取技术的主要设备以及超声波辅助萃取在技术存在的问题；最后介绍超声波辅助萃取技术在水产品中的应用，主要体现在提取不饱和脂肪酸；水产品下脚料中的天然活性成分维生素 A、维生素 D 和维生素 E 等的提取；水产品蛋白提取；超声波萃取–气相色谱法测定水产品中多氯联苯残留；还可用于水产组胺测定样品预处理等。

6.1 超声波辅助萃取技术的基本概念

超声波是指频率为 20 kHz ~ 50 MHz 的电磁波，它是一种机械波，需要能量载体——介质来进行传播。其穿过介质时，会产生膨胀和压缩两个过程。超声波能产生并传递强大的能量，给予介质极大的加速度。

超声波技术在食品领域的应用依能量强度主要分为两大类。

1）低强度超声波技术

低强度超声波由于能量低，当超声波通过体系时不会对介质产生物化破坏作用。通常应用于食品分析检测领域，提供食品组成、质构及流变学性质数据。

2）高强度超声波技术

高强度超声波因为能量高，足以使介质发生物理裂解和加速某些化学反应，用于促进乳化、破解细胞壁和分散聚沉物等。如今，超声波技术已应用于食品起晶过程的控制、酶活力的钝化、肉的嫩化、加速干燥、缩短过滤时间及促进氧化反应等领域。

超声波萃取（Ultrasound Extraction，UE），亦称为超声波辅助萃取、超声波提取，是利用超声波辐射压强产生的强烈空化效应、扰动效应、高加速度、击碎和搅拌作用等多级效应，增大物质分子运动频率和速度，增加溶剂穿透力，从而加速目标成分进入溶剂，促进提取的进行。

6.2 超声波辅助萃取技术的基本原理

超声波能量作用于液体时，膨胀过程会形成负压。如果超声波能量足够强，膨胀过程就会在液体中生成气泡或将液体撕裂成很小的空穴。这些空穴瞬间即闭合，闭合时产生高达 3 000 MPa 的瞬间压力，称为空化作用。这样连续不断产生的高压就像一连串小爆炸不断地冲击物质颗粒表面，使物质颗粒表面及缝隙中的可溶性活性成分迅速溶出。同时在提取液中还可通过强烈空化，使细胞壁破裂而将细胞内溶物释放到周围的提取液体中。超声空穴提供的能量和物质间相互作用时，产生的高温高压能导致游离基和其他组分的形成。据此原理，超声波处理纯水会使其热解成氢原子和羟基，两者通过重组生成过氧化氢，当空穴在紧靠固体表面的液体中发生时，空穴破裂的动力学明显发生改变。在纯液体中，空穴破裂时，由于它周围条件相同，因此总保持球形；然而在紧靠固体边界处，空穴的破裂是非均匀的，从而产生高速液体喷流，使膨胀气泡的势能转化成液体喷流的动能，在气泡中运动并穿透气泡壁。喷射流在固体表面的冲击力非常强，能对冲击区造成极大的破坏，从而产生高活性的新鲜表面。利用超声波的上述效应，从不同类型的样品中提取各种目标成分是非常有效的。

1）机械效应

超声波在介质中的传播可以使介质质点在其传播空间内产生振动，从而强化介质的扩散、传播。同时它还可以给予介质和悬浮体以不同的加速度，且介质分子的运动速度远大于悬浮体分子的运动速度，从而在两者间产生摩擦，这种摩擦力可使生物分子解聚，使细胞壁上的有效成分更快地溶解于溶剂之中，这就是超声波的机械效应。

2）空化效应

通常情况下，介质内部或多或少地溶解了一些微气泡，这些气泡在超声波的作用下产生振动，当声压达到一定值时，气泡由于定向扩散而增大，形成共振控，然后突然闭合，这就是超声波的空化效应。这种气泡在闭合时会在其周围产生几千个大气压的压力，形成微激波，它可造成植物细胞壁及整个生物体破裂，而且整个破裂过程在瞬间完成，有利于有效成分的溶出。

3）热效应

和其他电磁波一样，超声波可以传播和扩散能量，即超声波在介质的传播过程中，其声能被介质的质点吸收，转变成热能，从而导致介质本身和组织温度的升高，增大了样品有效成分的溶解速度。由于这种吸收声能引起的样品组织内部温度的升高是瞬间的，因此可以使被提取成分的生物活性保持不变。

目前超声波本身在多个领域已经有了广泛的应用，将其应用于各种分离也显示了许多优越性。超声波作用于液–液、液–固两相，多相体系，表面体系以及膜界面体系，会产生一系列的物理化学作用，并在微环境内产生各种附加效应如湍动效应、微扰效应、界面效应和聚能效应等，从而引起传播媒质特有的变化。这些作用能提供更多活性中心，也可促进两相传质维持浓度梯度以及促进反应。这些特点是某些常规手段不易获得的，超声波萃取正是利用了这些特点。

6.3　超声波萃取技术的特点

与常规的萃取技术相比，超声波萃取技术快速、价廉、高效。在某些情况下，甚至比超临界流体萃取（SFE）和微波辅助萃取还好。

与索氏萃取相比，其主要优点有以下几方面：

①成穴作用增强了系统的极性，这些都会提高萃取效率，使之达到或超过索氏萃取的效率；②超声波萃取允许添加共萃取剂，以进一步增大液相的极性；③适合不耐热目标成分的萃取；④操作时间比索氏萃取短。

在以下两个方面，超声波萃取优于 SFE：①仪器设备简单，萃取成本低得多；②可提取很多化合物，无论其极性如何，因为超声波萃取可用任何一种溶剂。SFE 事实上只能用 CO_2 作萃取剂，因此仅适合非极性物质的萃取。

超声波萃取优于微波辅助萃取体现在：①在某些情况下，比微波辅助萃取速度快；②酸消解中，超声波萃取比常规微波辅助萃取安全；③多数情况下，超声波萃取操作步骤少，萃取过程简单，不易对萃取物造成污染。

与所有声波一样，超声波在不均匀介质中传播也会发生散射衰减。超声波萃取时，样品整体作为一种介质是各向异性的，即在各个方向上都不均匀，不仅在两种介质的界面处发生反射和折射，而且在较粗糙的界面上还发生散射，因此，到达样品内部的超声波能量会有一定程度的衰减，影响提取效果。对于超声波萃取来说，提取前样品的浸泡时间、超声波强度、超声波频率及提取时间等也是影响目标成分提取率的重要因素。

超声波在媒质中形成介质粒子的机械振动，这种由含有能量的超声波振动引起的与媒质的相互作用，可以归纳为热作用、机械作用和空化作用。由于超声波的以上作用，可以产生以下效应：①力学效应，如搅拌作用、分散效应、破碎作用、除气作用、凝聚作用、定向作用等；②热学效应，如媒质吸收热引起的整体加热、边界处的局部高温高压等；③光学效应，如引起光的衍射、折射等；④电学效应，如超声波电镀、压电等；⑤化学效应，如加速化学反应，产生新的化学反应物。

究竟产生何种效应以及效应的强弱，与超声波作用的参数及作用的对象密切相关。

6.4 超声波辅助萃取技术的主要设备

超声波辅助萃取设备包括超声波萃取装置和分离器，其中主要设备是超声波萃取装置，分为浸入式和外壁式两种结构，一般采用复频共振方式，复频共振方式比单一频率提取效率大大提高。超声波萃取装置由萃取罐（提取罐或萃取容器）、换能器、冷凝器和超声波信号发生器等组成，如图 6-1 所示，萃取罐一般为全不锈钢结构。

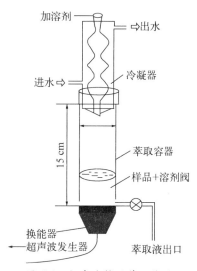

图 6-1　超声波辅助萃取装置

　　超声波发生器是超声波提取设备的波源，通常有 3 种类型，即机械系统、磁致伸缩振荡器和电致伸缩振荡器。机械式超声波发生装置是以高速气体或液体作为介质通过机械装置产生谐振的系统，其发生的超声频率一般较低，通常为 20~30 kHz。磁致伸缩振荡器是利用磁性材料的磁致伸缩现象，通过对线圈输入交变电流，使作为"铁芯"的磁致伸缩材料产生振动，发出超声波，其发生的超声频率通常为 20~100 kHz。电致伸缩振荡器或压电晶体振荡器是利用压电式或电致伸缩效应的材料，加上高频电压，使其按电压的正负和大小产生高频伸缩。在应用中，可将这种伸缩通过介质耦合到作用物上，使作用物表面随之振动而产生声的波动，其发生的超声频率很高，通常在 100 MHz 以上其至达到量级 GHz 级。

　　超声波设备的结构及组成如图 6-2 所示，主要由超声波发生器（超声频电源）、换能器振子和处理容器组成。

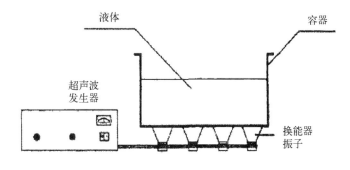

图 6-2　超声波装置的基本构造示意图

在半个多世纪中，国内许多科研人员和生产技术人员，为了能将超声波提取中药和天然产物的新技术应用到工业化，做出了不懈的努力，开发出许多型式的超声波提取设备，但由于提取生产量小，同时没有克服超声电气的技术问题，推出的设备并不具有工业化应用的价值。

张春雨（2007）以化工设备中的反应釜为基础，设计了一套能用于工业化的色素提取设备，并对该提取设备按照工艺要求设计了超声波设备作用装置，对黑糯玉米芯的色素进行超声波辅助提取，从而达到更好的提取效果。该提取设备由提取罐、搅拌器总成、超声波发生系统、保温循环水系统和电控系统等组成，如图 6-3 所示。

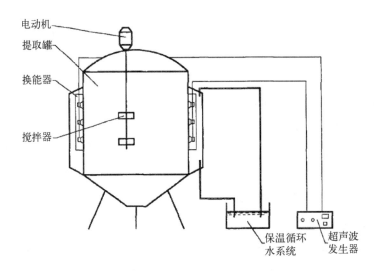

图 6-3　用于工业化的色素提取的超声波设备

（1）提取罐体

提取罐体是超声波辅助提取设备的主体，在超声波辅助提取过程中起着容纳、混合、保温等作用，也是超声波作用的空间，在罐体上设计一定的结构以安装超声波能量转换器（换能器），向混合提取物发出超声波。工作中把玉米芯粉碎加 60℃ 左右的热水浸泡后的混合物倒入提取罐内进行色素提取。

罐体设计成夹层结构，用来通过具有一定温度的水，对提取罐内的混合物进行保温，使之保持在所要求的温度，以便达到最佳的提取效果。

（2）搅拌器装置

搅拌器装置在整个设备中起着搅拌混合物的作用，使色素在超声波的作用下被充分提取。整个搅拌器装置包括电机、减速器、联轴器、轴、搅拌叶片、轴承和固定支承等。

（3）超声波发生系统

超声波发生系统包括超声波发生器和能量转换器。超声波发生器是超声波提取设备的波源，有3种类型，即机械系统、磁致伸缩振荡器和电致伸缩振荡器。超声波的换能器可安装在罐体内、罐体外和罐体夹层内，在提取中起着传输转换能量的作用。

（4）保温循环水系统

保温循环水系统对夹层内的循环水温度进行自动控制，从而保证提取罐内温度在要求的值附近。循环水保温系统包括电路控制箱、水箱、水泵和加热电阻丝等。

（5）电气控制系统

电气系统对整个辅助提取设备的电器部分进行控制，以实现设备的搅拌和保温等工作。

济宁金百特电子有限责任公司历经 8 年研制开发，成功发明创造出一种新型结构的超声波加工处理装置（白中明，2005），其和传统的超声波装置相比，具有下列优点：① 大功率超声电气长时间安全运行；② 超声能量高效发挥；③ 温度在 5 ~ 100℃内任意调控；④ 噪音低（70 dB 以下）；⑤ 易于安装装配，实现不停产在线维修；⑥ 避免了超声波对提取容器材质的影响，可保证提取物的安全性。将这种新型超声波加工处理装置和连续逆流提取技术相结合，形成连续逆流超声波天然产物提取成套设备（图6-4），单套日提取植物药材可达 10 t，真正使超声波这项天然产物提取新技术实现工业化。

图 6-4　连续逆流超声波天然产物提取成套设备

6.5　超声波辅助萃取技术在水产品中的应用

6.5.1　超声波萃取在提取不饱和脂肪酸方面的研究

超声场强化提取油脂可使浸取效率显著提高，还可以改善油脂品质，节约原料，增加油的提取量。李恩霞等（2012）采用超声波辅助萃取乙醇提取法对南极磷虾中的油脂进行提取，提取产率达 6.14%。将油脂进行皂化、甲酯化，以气相色谱法测定其中的脂肪酸组成，共鉴定出 21 种成分，主要含豆蔻酸、棕榈酸、油酸、二十碳五烯酸（EPA）和二十二碳六烯酸（DHA），其含量分别为 9.25%、24.35%、18.25%、20.28% 和 11.17%；另外，还鉴定出油脂中含有 0.68% 的奇数碳链脂肪酸。毕红卫（1999）对比了匀浆法和超声波萃取 $\gamma 2$ 亚麻酸，结果表明，超声波法得到的油量多，比匀浆法增加 12.8%，并节省人力。从花生中提取花生油，可使花生油的产量增加 2.76 倍。Han 等（2005）用超声波萃取技术提取葵花籽中油脂，实验显示若使用强度 200 kW/m² 的超声波处理时间 15 min，溶液比 1∶7（g∶mL）条件下萃取葵花籽油率为更好。目前鱼肝油的提取，主要采用溶出法，出油率低，且高温使维生素遭到破坏。超声波也可用于动物油的加工提取，如鳕鱼肝油的提取等。苏联学者分别用 300、600、800、1 500 kHz 的超声波提取鳕鱼肝油，在 2~5 min 内能使组织内油脂几乎全部提取出来，所含维生素未遭破坏，且油脂品质优于传统方法。超声场不仅可以强化常规流体对物质的浸取过程，而且还可以强化超临界状态下物质的萃取过程。杨日福等（2008）探索超声强化超临界 CO_2 流体中空化泡的共振频率特性，根据 Rayleigh-Plesset 方程推导出了空化泡共振频率随空化泡初始半径、流体压力和温度的变化规律。结果表明：超临界 CO_2 流体中空化泡的共振频率随空化泡的初始半径增大而减小；随流体压力的增大先减小后增大，在流体压力约为 18 MPa 时达到最低值；并随流体温度的升高而增大。在相同的初始半径下，超临界 CO_2 流体中空化泡的自然共振频率高于其在水中的自然共振频率，超声波频率与空化泡的自然共振频率相近时，空化泡在一个声周期内崩溃所需的声压最低。超声波萃取在提取油脂方面的研究与应用十分活跃，已开展的试验和应用涉及八角油、扁桃油、丁香油、紫苏油、月见草油等的提取。

符贵红等（2008）采用 3 种不同方法，即超声波提取法、索氏提取法和氯仿-甲醇法，从鲢鱼肌肉中提取鱼油，继而进行酸性和碱性甲酯化，经气相色谱-质谱联用技术，对其脂肪酸组成特征进行了定性和定量分析。结果表明，鲢鱼肌肉含有 25 种脂肪酸，其中包括 7 种饱和脂肪酸、8 种单不饱和脂肪酸和 10 种多不饱和脂肪酸。3 种分离方法间存在明显分离效果差异，所获得不饱和脂肪酸含量占总脂肪酸含量分别为 41.39%、36.15% 和 33.55%。且比较而言，采用超声波萃取的碱性甲酯化方法效果最好。陈炜等（2013）研究了从海水小球藻（*chlorella* sp.）中提取和富集多不饱和脂肪酸（PUFA）的方法，就提取剂体系、用量、提取次数等对小球藻粗脂肪提取率的影响以及尿素包合法中尿素、甲醇与脂肪酸甲酯的质量比对 PUFA、EPA 富集效果的影响进行了研究。结果表明：采用氯仿-甲醇提取剂体系，结合超声波萃取法，小球藻粗脂肪的提取率最高，提取次数为两次比较合适，与标准溶剂量相比，总溶剂量可减少 42%。在室温（20~22℃）下，尿素与脂肪酸甲酯的质量比为 6∶1，尿素与甲醇的质量比为 1 : 4 时，PUFA 占总脂肪酸的含量由脲包前的 50%提高到 82.9%；EPA 占总脂肪酸的含量由脲包前的 39%提高到 71.6%，EPA 富集系数为 1.84。

6.5.2　超声波萃取在天然活性成分提取中的应用

超声波萃取技术的萃取速度和萃取产物的质量使得该技术成为天然产物和生物活性成分提取的有力工具。特别是生物活性成分的提取，例如海洋生物组织浆液的毒质，水产品下脚料中的维生素 A、维生素 D 和维生素 E 等的提取。由于天然产物和活性成分常用的提取方法存在有效成分损失大、周期长、提取率不高等缺点，而超声波提取可缩短提取时间，提高有效成分的提出率和药材的利用率，并且可以避免高温对提取成分的影响。印度、美国、苏联等国已对植物胡椒叶、金鸡纳等药用植物进行了超声波提取的研究，并取得了良好效果。近年来，国内在这方面的工作取得了显著的进展。李文全等（2000）和冷杨等（2013）等分别研究了超声波萃取技术在海洋海藻多糖和脂肪酸等有效成分提取、工艺选定、含量控制方面的应用。冷杨用冻融结合超声波法研究浒苔多糖的提取工艺，在单因素实验的基础上，选择水料质量比、超声波功率、提取时间、冻融-超声波次数进行 4 因素 3 水平的正交实验提取浒苔多糖。结果表明：浒苔多糖最佳提取条件为水料质量比 55、超声波功率 600 W、超声波作用时间 8 min、冻融-超声波 2 次，浒苔多糖得率为 19.124%。徐椿慧等（2013）以超声波-微波协同萃取法提取海藻粉中海藻油，考察微波功率、超声波功率、提取温度、提取时间、料液比对提取率的影响，确定最佳提取条件为：超声功率 100 W、提取时间 40 min、提取温度 45℃、料液比 1 g : 3 mL、微波功率 250～400 W。说明超声波-微波协同萃取法可缩短提取时间，提高溶剂利用率而减少溶剂用量，提高提取率。袁丽等（2011）为了提高鱿鱼综合利用价值，以加工废弃物中的鱿鱼墨黑色素为原料，研究超声波处理对黑色素成分和物理结构的影响。采用超声功率 15 W/mL、超声时间 2 s、间歇时间 1 s、总工作时间 20 min 的工作条件对黑色素进行处理。结果表明：鱿鱼墨黑色素在超声波处理后，波长为 224 nm 和 267 nm 附近的两个峰吸光值显著增加，黑色素在环己烷中的溶解性显著增加，样品中没有新的具有紫外可见吸收特性物质生成；黑色素中蛋白质在超声波处理后的没有发生显著变化，而脂质含量显著减少；超声波后 Ca、Mg、Na、K、Fe、Cu、Cd 和 Pb8 种金属元素含量均显著降低；电镜图片显示黑色素微球颗粒在超声过程中发生了爆炸，产生更为细小的碎片和碎末。这些进一步证明了超声提取技术的先进性、科学性，可用于多种有效物质的提取，为食品工业应用超声波萃取技术提供了有益的借鉴。

6.5.3　超声波萃取在提取水产品蛋白方面的研究

楚水晶（2010）采用超声波辅助酸法，通过单因素实验和正交试验确定了马面鱼鱼皮胶原蛋白的最佳提取条件为：将预处理后的鱼皮置于 0.3 mol/L 的乙酸溶液中溶胀 6 h，料液比 1∶30，匀浆，进行功率 800 W、脉冲超声工作时间 3 s、间歇时间 3 s的超声提取，时间 10 min，胶原蛋白提取率为 67.84%。酸法和超声波辅助酸法提取的胶原蛋白对 $O_2^-·$ 和 $·OH$ 具有明显的清除作用。刘光明等（2011）在超声波处理对拟穴青蟹（*Scylla paramamosain*）过敏原（原肌球蛋白,Tropomyosin,TM）影响的研究基础上，用超声波、微波、超声波结合蒸煮处理拟穴青蟹蟹肉，提取其蛋白粗提液，通过模拟胃肠液消化及 SDS-PAGE 电泳、Western-blotting、抑制性 ELISA 等方法分析TM 的消化稳定性及过敏原性。结果显示，与未经处理的样品及非过敏蛋白相比，TM在超声波（200 W、30℃）处理后降解较快；微波处理后 TM 的消化稳定性及过敏原性没有明显变化；超声波处理、超声波结合蒸煮处理后 TM 的消化稳定性及过敏原性明显降低。结果提示，超声波、超声波结合蒸煮等加工处理方式可降低蟹肉的致敏性。

6.5.4　超声波萃取–气相色谱法测定水产品中多氯联苯残留

多氯联苯（PCBs）是一类苯环上与碳原子连接的氢被氯不同程度地取代的联苯化合物，迄今为止，已能人工合成 209 种这类化合物。多氯联苯与二恶英（Dioxin）的理化性质相似，在环境中广泛存在，被称为"二恶英类似物"。世界卫生组织和联合国环境规划署将环境中难以降解的有毒、有害物质称为持久性有机污染物，多氯联苯名列其中。多氯联苯在全球范围内广泛存在，许多科学家对世界各地水生生物中的多氯联苯进行了测定，结果表明，全球的水生生物都受到了不同程度的污染，伴随着全社会食品安全意识的增强，食品中多氯联苯的检测正得到越来越多的关注。目前，我国关于水产品中多氯联苯测定方面的检测方法操作繁琐，具有缺乏明确目标分析物和定量检出限等缺陷。蒋慧等（2012）采用超声波萃取–气相色谱检法测水产品中的多氯联苯混合物，方法精确度高，回收率和检测限都获得了理想的结果。所用方法的线性关系较好，回收率在 89%～109%，检测限在 0.44～0.68 ng/g。以此分析了南通市市场上带鱼和文蛤体内多氯联苯残留，检出率低于 50%。

有四大海味之首之称的鲍鱼，是中国传统的名贵食材，营养价值高，被越来越多的人群食用。与此同时，鲍鱼的食品安全问题也越来越受到人们的关注。目前尚未见鲍鱼中多氯联苯含量测定的相关报道。由于 PCBs 具有亲脂性，因此其一般积累在动物的富脂类组织中，不同组织中脂类含量的差异可能会影响 PCBs 在各组织中的分布。

胡红美等（2013）等以鲍鱼的不同组织（肌肉部分、内脏部分、整贝）为分析对象，采用超声波萃取法、浓硫酸初步净化及 N–丙基乙二胺 PSA 固相吸附剂再净化、气相色谱电子捕获检测（GC-ECD）法测定鲍鱼不同组织中 7 种"指示性 PCB"单体（ PCB_{28} 、 PCB_{52} 、 PCB_{101} 、 PCB_{118} 、 PCB_{153} 、 PCB_{138} 、 PCB_{180} ）含量，以作为鲍鱼中多氯联苯污染情况的重要监测指标，旨在建立一种快速检测鲍鱼不同组织中 PCBs 含量的方法。试验结果表明，7 种 PCBs 在 1.25~100 μg/L 质量浓度范围内，组分含量与峰面积呈线性相关，相关系数在 0.999 2~0.999 5 之间，检出限 0.04~0.06 μg/kg。7 种 PCBs 在肌肉部分、内脏部分、整贝中不同质量浓度水平的加标回收率分别为 83%~98%、73%~90% 和 78%~95%，相应的相对标准偏差（RSDs）分别为 2.1%~5.4%、2.8%~7.5%、2.3%~7.2%（ n=5）。该方法简单、灵敏、基体干扰小、重复性好、准确度高、回收率令人满意，能满足鲍鱼不同组织中多氯联苯的分析要求，并可进一步应用到其他水产品中多氯联苯的检测。吉仙枝（2012）通过单因素试验初步确定了超声波提取鱼肉中 PCBs 的条件，所选择的最佳条件为：5 g 样品加入 30 mL 正己烷后用超声波提取，超声功率为 90 kHz，温度设定为 35 ℃，超声提取时间为 120 min，建立了鱼肉中多氯联苯的提取和测定方法。

6.5.5　超声波萃取在水产组胺测定样品预处理中的应用

王丽等（2012）采用三氯乙酸提取和超声波萃取相结合的方法对样品进行预处理，在单因素试验的基础上，研究了正交试验中超声波萃取对组胺测定结果的影响，并与组胺简易测定方法进行了比较。结果：超声波萃取的最佳条件为：三氯乙酸浓度 10%、三氯乙酸用量 20 mL、超声波温度 55℃、超声波功率 60 W、超声波时间 20 min。超声波萃取与组胺简易测定方法结果比较表明：预处理方法对组胺测定结果的影响为显著；两种预处理方法对组胺测定结果的影响有显著差异（ P<0.05），超声波萃取方法要优于简易测定的方法，超声波萃取不但提高了组胺的提取率，而且节约了时间和能源。

6.5.6　超声波萃取在鲨鱼硫酸软骨素中的应用

张弘等（2009）采用响应面分析法，研究不同提取条件（温度、时间、碱浓度）对鲨鱼硫酸软骨素（ChS）得率的影响，建立提取条件与得率之间的数学模型，并进一步研究不同的超声波处理时间对硫酸软骨素提取率和纯度的影响，确定适宜的硫酸软骨素提取条件。通过响应面交互作用分析与优化，鲨鱼硫酸软骨素适宜的碱提条件为碱液浓度 4%、碱提温度 35℃、碱提时间 3 h，ChS 得率为 14.50%；在优化的碱提条件处理之前利用超声波处理 20 min，硫酸软骨素得率可提高到 18.07%，纯度为 91.58%。

6.5.7　超声波提取–荧光法测定贝类体内石油烃含量

随着海上石油开采和溢油事故的频繁发生，石油类污染已成为海洋的主要污染物，石油烃进入海洋环境后可被生物吸收、富集，并通过食物链传递，最终危害人类健康。测量生物体内石油烃含量，如何完全、快速地将石油烃从生物体中提取出来至关重要，常用方法有索氏提取法和皂化法，我国海洋监测规范同样以皂化法作为提取生物体中石油烃的标准方法。这两种方法存在操作繁琐、耗时长、需要试剂较多等缺点，因而不利于石油烃的快速提取。超声波提取方法是美国环保局（EPA）的基本分析方法，具有提取速度快、操作方便等优点，因而近年来被广泛应用于天然产物的提取。

蒋凤华等（2012）以栉孔扇贝为实验生物，对超声波方法提取贝类体内石油烃的条件进行优化，以期建立快速提取生物体石油烃的方法，从而为监测生物体内的石油烃污染提供技术支持。建立了一种超声波提取—荧光法测定贝类体内石油烃的快速方法，采用正交实验对提取溶剂、提取次数、超声时间、超声功率和洗脱溶剂等因素进行了优化，获得了最佳提取条件。该方法的检出限为 0.070×10^{-6}，加标回收率范围为 76.5% ~ 96.9%。采用所建立的方法测得青岛近海湖岛和沙子口两个区域扇贝体内石油烃含量分别为 164.14×10^{-6} dw 和 119.52×10^{-6} dw，污染指数分别为 1.3 和 0.95，表明湖岛海域贝类受石油烃污染严重。

6.6　超声波辅助萃取技术在水产品工业中的发展前景与展望

6.6.1　超声波辅助萃取技术存在的问题

传统的超声波辅助提取天然物有效成分时存在一定的不足，一是受超声波功率限制，大规模生产的经济性不好，二是大功率超声波的安全性也有待验证。因此超声波辅助提取设备的发展主要是解决此两方面的问题。

（1）采用新工艺。

（2）连续工业化工程放大。①大功率超声电气长时间安全运行；②超声能量高效发挥；③温度从 5~100℃任意调控；④噪音低 70 dB 以下；⑤易于安装装配，实现不停产在线维修；⑥避免了超声波对提取容器材质的影响，可保证提取物的安全性。

6.6.2　超声波辅助萃取技术的发展方向

超声协同静电场强化提取技术是新兴的超声波辅助萃取技术。电场强化提取过程是世界近年来研究和开发的热点，是一项新的高效分离技术，也是静电技术与化工分离交叉的学科前沿，20 世纪 80 年代以来发展较快，具有潜在的工业市场。电场的强化作用可以成倍地提高提取设备的效率，能耗降低几个数量级。另外，由于电场可变参数多，易于通过计算机控制，因此可以有效地控制调节化工过程。电场提取技术不仅可以应用于化工分离领域，也适用于石油开采过程、原油脱盐除水等工艺过程。电场提取技术的开发和完善将促使提取设备的概念设计产生飞跃。

电场强化提取主要通过 3 种途径：①产生小尺寸的振荡液滴，增大传质比表面。②促进小尺寸液滴内部产生内循环，强化分散相滴内传质系数。③分散相通过连续相时，由于静电加速作用提高了界面剪应力，因此增强了连续相的膜传质系数。

在脉冲电场作用下，细胞膜结构分子伴随电场的传动而取向的阻力与水分间存在着显著的不同。一定条件下高压脉冲电场电能主要蓄积于细胞膜系统。生物膜结构的不均匀性，特别是膜蛋白的类似半导体特征，使生物膜存在动态的"导通"点。在高压脉冲电场中，这种导通可使膜上蓄积的能量以瞬时高强度的方式释放而击穿膜系统。在高压脉冲放电时，由于气态等离子体剧烈膨胀爆炸而产生剧烈的冲击波可摧毁各种亚细胞结构，使细胞壁、细胞膜崩溃。因此，在细胞中有连续完整的水分子层时，高压脉冲电场可显著改善萃取溶剂与膜脂等成分的互溶速率及通过胞壁物质的传质能力，从而提高萃取效率。

本章小结

1. 超声波萃取亦称为超声波辅助萃取、超声波提取，是利用超声波辐射压强产生的强烈空化效应、扰动效应、高加速度、击碎和搅拌作用等多级效应，增大物质分子运动频率和速度，增加溶剂穿透力，从而加速目标成分进入溶剂，促进提取的进行。

2. 超声波萃取技术的特点是技术快速、价廉、高效。在某些情况下，甚至比超临界流体萃取（SFE）和微波辅助萃取还好。超声波萃取允许添加共萃取剂，以进一步增大液相的极性，适合不耐热的目标成分的萃取。

3. 超声波辅助萃取设备包括超声波萃取装置和分离器，其中主要设备是超声波萃取装置，分为浸入式和外壁式两种结构，超声波萃取装置由萃取罐（提取罐或萃取容器）、换能器、冷凝器和超声波信号发生器等组成，萃取罐一般为全不锈钢结构。

4. 超声波辅助萃取技术在水产品中的应用主要体现在提取不饱和脂肪酸，水产品下脚料中的天然活性成分维生素 A、维生素 D 和维生素 E 等的提取，水产品蛋白提取，超声波萃取–气相色谱法测定水产品中多氯联苯残留，还可用于水产组胺测定样品预处理等。

思考题

1. 简述超声波辅助萃取技术的概念。

2. 超声波辅助萃取技术的基本原理有哪些？

3. 超声波辅助萃取技术的特性有哪些？

4. 超声波辅助萃取技术存在的问题有哪些？超声波辅助萃取技术的发展如何？

5. 除了文中提到的超声波辅助萃取技术在水产品中的应用实例外，还有哪些具体的应用？请查文献整理一篇综述。

第7章　微胶囊技术及其在水产品中的应用

教学目标

1. 了解：微胶囊技术的基本概念；化学法制备微胶囊，物理化学法制备微胶囊；物理法制备微胶囊。
2. 理解：食品微胶囊化的作用；微胶囊的特征；微胶囊壁材；微胶囊技术还存在的问题；微胶囊的新型制备方法；微胶囊技术在水产品工业中的应用。
3. 掌握：微胶囊的特征表征指标；微胶囊制备方法；食品工业中的微胶囊方法须符合的几点要求。

微胶囊技术是指利用天然或合成高分子材料，将分散的固体、液体，甚至是气体物质包裹起来，形成具有半透性或密封囊膜的微小粒子的技术。微胶囊技术应用于食品工业始于20世纪50年代末，此技术可对一些食品配料或添加剂进行包裹，解决了食品工业中许多传统工艺无法解决的难题，推动了食品工业由低级的农产品初加工向高级产品的转变，为食品工业开发应用高新技术展现了美好前景。本章主要介绍微胶囊技术的基本概念、微胶囊制备方法、微胶囊的特征表证指标；详细叙述微胶囊的特征、食品微胶囊化的作用；最后介绍微胶囊技术在水产品工业中的应用，主要体现在微胶囊化虾青素、微胶囊深海鱼油等。

7.1 微胶囊技术的基本概念

7.1.1 微胶囊技术的基本概念

微胶囊技术是指利用天然或合成高分子材料，将分散的固体、液体，甚至是气体物质包裹起来，形成具有半透性或密封囊膜的微小粒子的技术，包囊的过程即为微胶囊化（microencapsulation），形成的微小粒子称为微胶囊（microcapsule）。

微胶囊是由天然或合成高分子制成的微型容器，直径一般为 1～1 000 μm。含固体微胶囊的形状与囊内固体相同，含液体或气体的微胶囊形状是球形的。微胶囊技术包括微胶囊的制备技术和应用技术，即采用特定的方法和特定的设备，使高分子材料包封住药品、涂料及反应试剂等，制成微胶囊，然后将制备的微胶囊通过一些其他的工艺，再制成具有优良特性的产品。广义地说，微胶囊具有改善和提高物质表观及其性质的能力。更确切地说，微胶囊能够储存微细状态的物质，并在需要时释放该物质。微胶囊亦可转变物质的颜色、形状、重量、体积、溶解性、反应性、耐久性、压敏性、光敏性等特点。正因为以上特点，微胶囊已被广泛地用于医药、农药、涂料、生物固定化技术等行业。

微胶囊技术起于 20 世纪 30 年代，美国的 Wurster 用物理方法制备了微胶囊。到 20 世纪 70 年代，微胶囊技术的工艺日益成熟，应用范围逐渐扩大，今天它已从最初的药物包覆和无炭复写扩展到了医药、食品、日用化学品、肥料、化工等诸多领域。目前，微胶囊技术在国外发展迅速，美国对它的研究一直处于领先地位。在美国约有 60% 的食品采用这种技术。日本在 20 世纪 60—70 年代也逐步赶上来，每年申报的有关微胶囊技术方面的专利可达上百件。全球的微胶囊技术研究机构从 2002 年的 2% 增长到 2006 年、2007 年的 22% 充分说明微胶囊技术在全世界引起的广泛重视。我国的研究起步较晚，在 20 世纪 80 代中期引进了这一概念，虽然在微胶囊技术应用方面也有许多发展，但同国外相比，我国仍处于起步阶段，进口微胶囊在生产中仍占主导地位。微胶囊技术应用于食品工业始于 20 世纪 50 年代末，此技术可对一些食品配料或添加剂进行包裹，解决了食品工业中许多传统工艺无法解决的难题，推动了食品工业由低级的农产品初加工向高级产品的转变，为食品工业开发应用高新技术展现了美好前景。目前，油溶性物质微胶囊化研究较为成熟，而水溶性物质微胶囊化则相对研究较少。在食品工业中应用最广的微胶囊技术是喷雾干燥法，应用领域主要是粉末香精、香料与粉末油脂，今后它们仍然要占主导地位。

7.1.2 食品微胶囊化的作用

1）改变物料的存在状态、物料的质量与体积

这是在食品工业中应用最早、最广泛的微胶囊功能。将液体或半固体物料转化为固体粉末状态，除了便于加工、储藏与运输外，还能简化食品生产工艺，开发出新产品，如粉末香料、粉末油脂等。液态芯材经微胶囊化后，可通过制成含有空气或空心的胶囊而使体积增大。也可转变为自由流动的粉末，这种粉末产品可以很容易与原料混合均匀，便于加工处理、储藏。

2）保护敏感成分

微胶囊化可使芯材免受外界不良因素（如光、氧气、温度、湿度、酸碱度等）的影响以保护食品成分原有的特性，提高其在加工时的稳定性并延长产品的货架期。许多食品添加剂制成为微胶囊产品后，由于有壁材保护，能够防止其氧化，避免或降低紫外线、温度和湿度等方面的影响，确保营养成分不损失。胶囊化还可以抑制香辛香料等风味物质的挥发，延长其风味滞留期，减少其在加工、储藏中的损失，降低成本。

3）控制释放

控制芯材释放的速度，是微胶囊技术应用最广泛的功能之一，即使芯材稳定地到达某一特定的条件或位点发挥作用，从而避免了在加工、储藏及冲调、使用过程的损失。如可使一些营养素在胃或肠中释放，有效利用营养成分。微胶囊乙醇保鲜剂，在封闭包装中缓缓释放乙醇以防止霉菌。缓释是芯材通过囊壁扩散以及壁材的溶蚀或降解而释放。壁材对芯材的释放速度的影响主要有壁膜厚度、囊壁存在的孔洞、壁材变形、结晶度、交联度等；芯材的溶解度、扩散系数等也直接影响释放速率。芯材从微胶囊中释放的规律一般遵循零级或一级释放速率方程式。

4）隔离物料的组分

运用微胶囊技术，将可能互相反应的组分分别制成微胶囊产品，使它们稳定在一个体系中，各种有效成分有序释放，分别在相应的时刻发生作用，以提高和增进食品的风味和营养。如将酸味剂微胶囊化可延缓对敏感成分的接触和延长食品保存期限。

5）掩蔽不良风味和色泽

有些食品添加剂，因带异味和色泽而影响被添加食品的品质，如果将其微胶囊化，

可掩盖其不良风味、色泽，改变其在食品加工中的食用性。有些营养物质具有令人不愉快的气味或滋味，这些味道可以用微胶囊技术加以掩蔽，如微胶囊的产品在口腔里不溶化，在消化道才溶解，释放出内容物，发挥营养作用。

6）降低毒副作用和添加量

由于微胶囊化能提高敏感性食品物料如添加剂的稳定性，并且可控制释放，因此可以降低其添加剂的添加量和毒副作用。例如：未微胶囊化和微胶囊化的乙酰水杨酸对小鼠的 LD_{50} 值分别为 1 750 mg/kg、2 823 mg/kg，后者比前者提高了 60%。

7.2 微胶囊的特性

7.2.1 微胶囊的特征

微胶囊的直径一般在微米至毫米范围内（1～1 000 μm），有许多外形与结构，其特征参数包括粒径大小、粒度分布、外形、活性物质的含量组成及其分布、贮存稳定性、芯材的释放速度等。

（1）粒度分布。微胶囊的粒度不均匀，变化范围也较宽，而工艺参数条件的变化对于最终产品的粒度有直接影响，如乳化条件、反应原料的化学性质、聚合反应的温度、黏度、表面活性剂的浓度和类型、容器及搅拌器的构造、有机相和水相的量等。测定粒度分布的方法有多种，一般用显微镜和计数器等方法。

（2）囊膜厚度。胶囊中芯材的含量为 70%～90%，壳厚度为 0.1～200 μm，壳厚与制法有关。采用相分离法制得的微胶囊壳厚为微米级，采用界面聚合法制得的微胶囊技术壳厚则是纳米级。胶囊壳厚除了与微胶囊制法有关外，还与胶囊粒度、胶囊材料含量和密度、反应物的化学结构有关。

（3）微胶囊壳的渗透性能。微胶囊壳的渗透性是胶囊最重要的性能之一。为防止芯材料流失或防止外界材料的侵袭，应使囊壳有较低的渗透性；而要使芯材能缓慢或可控制释放，则应使囊壳有一定的渗透性。微胶囊的渗透性与囊壳厚度、囊壳材料种类、芯材分子量大小等因素有关。

（4）芯材的释放性能。控释技术首先被应用于制药工业，现已广泛应用于食品、农药、肥料及兽药工业，控释是指一种或多种活性物质成分以一定的速率在指定的时间和位置的释放，该技术的出现使得一些对热、温度、pH 值等环境敏感的添加剂能更方便地应用于各种工业领域中。

7.2.2　微胶囊的特性表征

微胶囊的主要功能是保护膜内物质和控制物质渗透，因此膜的强度和渗透特性是微胶囊的主要性能指标。目前，国际上通用截割相对分子质量作为微胶囊的重要性能表征。然而截割相对分子质量只反映了微胶囊对不同相对分子质量溶质的阻隔能力，对于低于截割相对分子质量的溶质分子就不能予以反映。鉴于微胶囊的阻隔作用与超滤膜（截留蛋白）和微滤膜（截留细胞）相仿，而微胶囊传质机理则与透析相似，可以建立以下特性表征参数。

（1）平衡分配系数 K。平衡分配系数是平衡状态下溶质在微胶囊中的浓度和主体溶液的浓度之比。其反映了微胶囊膜在平衡状态下对物质的整体透过能力。

（2）截留率 R。截留率是溶质在主体溶液中的浓度和溶质在微胶囊中浓度之差占溶质在主体溶液中的浓度的百分率。截留率反映了不同相对分子质量溶质通过微胶囊膜的透过特性。

（3）截割相对分子质量。截割相对分子质量被定义为微胶囊膜不能透过的大分子的最低相对分子质量。

（4）最大孔径。截割相对分子质量一定程度上反映了膜孔径的大小，其最大孔径不会超过截割相对分子质量所对应的分子的直径。

（5）透过速率 J。透过速率为单位时间单位胶囊外表面透过的溶质的质量。

7.2.3　微胶囊壁材

壁材的选择是进行微胶囊化首先要解决的问题。一般芯材和壁材的溶解性不能相同。食品微胶囊的壁材首先应无毒，符合国家食品添加剂卫生标准；另外，它必须性能稳定，不与芯材发生反应，具有一定的强度、耐摩擦、耐挤压、耐热等性能。其大多数为天然或合成的高分子材料，食品中常用的壁材为碳水化合物、蛋白质、脂类。碳水化合物有变性淀粉、麦芽糊精、玉米糖浆、环糊精、乳糖、纤维素、胶体、葡萄糖等。蛋白质有明胶、大豆蛋白、乳清蛋白、酪蛋白酸钠、谷蛋白、麦醇溶蛋白、血红蛋白等。脂类有蜂蜡、硬脂酸甘油三酯、单甘酯、甘油二酯、卵磷脂等。

在这些壁材中，海藻酸钠、壳聚糖、明胶是 3 种最为常用的天然高分子壁材。

1）海藻酸钠

海藻酸钠分子式为（$C_6H_7O_6Na$）$_n$，是白色或淡黄色不定形粉末，无味，易溶于水，吸湿性强，持水性能好，不溶于酒精、氯仿等有机溶剂，是一种天然多糖，具有生物黏附性、生物相容性并可生物降解等特点。其黏度因聚合度、浓度和温度的不同而不同。海藻酸钠具有药物制剂辅料所需的稳定性、溶解性、黏附性和安全性，适用于制备药物制剂。

海藻酸钠作为天然的聚阴离子化合物，分子链上含有大量的羧基，能与带正电荷的高分子化合物，如壳聚糖、聚赖氨酸、聚精氨酸通过静电作用采用界面聚合法的方法形成微囊，其原理是将两种带有不同基团的单体分别溶于两种互不相溶的溶剂中，当一种溶液分散到另一种溶液中时在两种溶液的界面上单体相遇生成一层聚合物膜。多肽类药物易被胃消化酶水解失活，海藻酸钠对包封在微囊中的不同电性的药物具有不同的包载能力，因而可以减少多肽类药物在胃中的释放，以提高其生物活性。王康等研究胰岛素、水蛭素等多肽类药物包埋在海藻酸钙—壳聚糖微囊中，在模拟胃液中没有明显的释放，而在肠液中释药较快，从而使药物减少了在胃中水解失活，有效地提高多肽类药物的生物活性与利用率。马小军等研制的包埋有基因工程酵母菌的海藻酸钠—壳聚糖—海藻酸钠微囊，对分子量在 10 000~150 000 Da 的蛋白质药物有很好的控制释放的作用。

2）壳聚糖

壳聚糖也称几丁聚糖，是甲壳素经浓碱加热处理脱去 N – 乙酰基的产物，是白色或微黄色片状固体。壳聚糖是天然多糖中唯一的碱性多糖，具有来源广泛、无毒、易化学修饰性、生物相容性以及具有良好的吸附性、成膜性和可生物降解性等特点。由于其优越的功能性质和独特的分子结构，壳聚糖作为可生物降解材料用于新型给药系统，通过改变给药途径可大大提高药物疗效，具有控制释放、增加靶向性、减少刺激和降低毒副作用以及提高疏水性药物通过细胞膜、增加药物稳定性等作用特点。

壳聚糖的基本组成单位是氨基葡萄糖（一般叫氨基葡萄糖残基），基本结构的糖单元是壳二糖。壳聚糖大分子链上分布着两种活泼的反应性基团，在弱酸溶液中游离氨基可以结合质子，成为带有正电荷的聚电解质，有很强的吸附和螯合能力，可作为细胞及生物大分子的固定化载体，并易于进行化学修饰。还有一些 N_2 乙酰胺基与羟基、氨基形成各种分子内和分子间的氢键，由于这些氢键的存在，使壳聚糖分子更容易形成结晶区，所以壳聚糖的结晶度较高，具有很好的吸附性、成膜性、成纤性和保湿性等良好的物理机械性能。利用壳聚糖可制备出多种具有负载、靶向、控释等作用的微胶囊或微球，如壳聚糖多孔微球、壳聚糖纳米球、壳聚糖-海藻酸钠微囊、壳聚糖明胶网络多聚物微胶囊。壳聚糖微球的制备方法有乳化交联、溶剂蒸发、喷雾干燥、沉淀凝聚及复凝聚法等。复凝聚法是指利用两种聚合物在不同的 pH 值下电荷的变化，即一种带正电荷的胶溶液与另一种带负电荷的胶体溶液相混，由于异种电荷之间的相互作用形成聚电解质复合物而发生分离，沉积在囊芯周围而得到微胶囊。海藻酸钠、羧甲基纤维素钠、聚丙基酸钠等高分子材料均能分别与壳聚糖起复凝聚作用。

　　3）明胶

明胶是一种不溶于冷水但可以溶于热水的蛋白质混合物，又名白明胶，其外观为无色或淡黄色的透明薄片或微粒，可吸收本身质量 5～10 倍的水而膨胀，不溶于乙醇、氯仿、乙醚等。明胶能与甲醛等醛类发生交联反应，形成缓释层。明胶具有生物相容性、生物降解性以及凝胶形成性，适宜于做微胶囊壁材。由于单一的壁材很难满足制备微胶囊各方面的要求，所以近年来很多学者在研究微胶囊时采用混合壁材。肖道安等选用阿拉伯胶和 β - 环状糊精作为杜仲叶提取物的微胶囊壁材，利用喷雾干燥进行微胶囊化。研究发现，阿拉伯胶和 β - 环状糊精的配比为 1∶1 时，微胶囊化能够达到较好的效果。查恩辉等用明胶和蔗糖以 3∶7 的质量比混合为壁材，另加入少量的蔗糖酯，包埋番茄红素，微胶囊的效率和产率最高，分别为 91.26% 和 89.35%。

7.3　微胶囊制备方法

食品工业中的微胶囊方法须符合以下几点：①能批量连续化生产；②生产成本低，能被食品行业接受；③有相应成套设备可引用，设备简单；④生产中不产生大量污染；⑤壁材是可食用的，符合食品卫生法和食品添加剂标准；⑥使用技术后确实可简化生产工艺，提高食品质量。

微胶囊的制备技术涉及物理和胶体化学、高分子化学及物理化学、材料化学、分散和干燥技术等学科领域，而且具体的微胶囊制备技术还要结合所从事的专业领域知识，对所选择的微胶囊应用条件和环境有充分了解。目前已有的微胶囊制备技术已超过 200 种。微胶囊的制备方法通常根据性质、囊壁形成的机制和成囊的条件分为物理法、物理化学法、化学法等三大类，其中以凝聚法、界面聚合法、原位聚合法应用最广。

7.3.1　化学法制备微胶囊

化学法的优点在于可以有效地包覆疏水性物质或疏水性大单体，且原料多样，可以制备不同类型的微胶囊，主要包括细乳液聚合、悬浮聚合、原位聚合、界面聚合及乳液聚合等。

1）界面聚合法

界面聚合发生在两种不同的聚合物溶液之间，将两种活性单体分别溶解在不同的溶剂中，当一种溶液被分散在另一种溶液中时，相互间可发生聚合反应，该反应在两种溶液的界面进行。界面聚合反应法已成为一种较新型的微胶囊化方法。利用界面聚合法可使疏水材料的溶液或分散液滴微胶囊化，也可使亲水材料的水溶液或分散液微胶囊化。界面聚合法微胶囊化的产品很多，如甘油、水、药用润滑油、酶血红蛋白等。美国杜邦公司于 1957 年利用界面缩聚反应制备聚酰胺并取得工业化后，此法就被开发用于制备各种微胶囊。界面聚合法一般形成壁材结构的物质为聚酯、聚氨酯、聚酰胺、聚脲等。其一般应用到记录材料、香料、农药、胶黏剂等领域。

2）原位聚合法

原位聚合法是一种和界面聚合法密切相关的微胶囊化技术，界面聚合参加反应的单体一种是水溶性的，另一种是油溶性的。在原位聚合中，是把单体和引发剂全部加入分散相或连续相中，即单体和引发剂全部溶于囊芯的内部或外部。由于单体在一相中是可溶的，而生成的聚合物在整个体系中是不溶的，聚合物就会沉积在芯材液滴的表面。

上海交通大学的李立等（2004）以尿素与甲醛为壁材，分散染料酸性红 GP（C. I. 266）为囊芯制备了分散染料微胶囊。郭惠林等采用十八胺对永固红 F5R 实施表面改性，使其在四氯乙烯之间的亲和性得到改善，获得分散性良好的悬浮液，并有效地抑制微胶囊化过程中颗粒的转移。与其他的微胶囊化方法相比，原位聚合法成球相对容易，壁厚及其内包物含量可控，收率较高，成本低，易于工业化。

7.3.2　物理化学法制备微胶囊

物理化学法又称相分离法。此法是先将聚合物溶于适当的介质（水或者有机溶剂），并将被包裹物分散于该介质中，然后向介质中逐步加入聚合物的非溶剂，使聚合物从介质中凝聚出来，沉积在被包裹颗粒表面而形成微胶囊。

物理化学法主要是通过改变温度、pH 值、加入电解质等，使溶解状态的成膜材料从溶液中聚沉，并将芯材包覆成微胶囊。凝聚法根据芯材的水溶性不同可分为水相分离法和油相分离法，根据聚合机理不同分为单凝聚法和复凝聚法。

物理化学法主要包括水相分离法（凝聚法）、油相分离法、干燥浴法（复相乳液法）、熔化分散法、冷凝法和粉末床法。

1）复合凝聚法

利用两种带相反电荷的高分子材料，互相交联形成复合囊材，溶解度降低，可将囊芯物包裹在内，析出。

2）复相乳液法

将壁材与芯材的混合物乳化后再以液滴形状分散到介质中，形成双重乳状液，随后通过加热、减压、搅拌、溶剂萃取、冷冻、干燥等手段将壁材中的溶剂去除，形成囊壁，再与介质分离得到微胶囊产品。

7.3.3　物理法制备微胶囊

物理法是借助专门的设备通过机械搅拌的方式首先将芯材和壁材混合均匀，细化造粒，最后使壁材凝聚固化在芯材表面而制备微胶囊。根据所用设备和造粒方式的不同，物理机械法制备微胶囊可采用空气悬浮法（Wurster 法）、喷射干燥法、溶剂蒸发法及静电结合法等。

1）空气悬浮法

空气悬浮法的特点是以固体的芯材颗粒为模板，通过空气气流的作用，使囊材在模板上凝结并固化。该法是用流化床的强气流将芯材颗粒悬浮于空气中，通过喷嘴将调成适当黏度的壁材溶液喷涂于微粒表面，提高气流温度使壁材溶液中的溶剂挥发，则壁材析出而成囊。

2）喷射干燥法

喷射干燥微胶囊化的第一步是把芯材乳化分散到壁材的浓溶液中。芯材通常为不溶于水的油剂（香料、维生素），乳化直至形成较小的油滴（1~3 μm）；壁材通常是一种可溶于水的高聚物，如阿拉伯胶或改性淀粉及其与水解淀粉或水解明胶的混合物，主要是这些材料在高浓度的壁材喷射干燥过程中不会形成高黏度的溶液。水通常是许多喷射干燥微胶囊化的良好溶剂，若用其他溶剂则要注意溶液的燃烧性和毒性，否则在喷射干燥过程中不能应用。

3）溶剂蒸发法

该法是将芯材、壁材依次分散在有机相中，然后加到与壁材不相溶的溶液中，加热使溶剂蒸发，壁材析出而成囊。溶剂蒸发法适用于非水溶性聚合物对活性物质的包裹。其操作过程包括：①将芯材分散于有机溶剂中；②加入作为壁材的聚合物；③将上述溶液加到水溶液（或水）中，搅拌乳化；④蒸发除去有机溶剂，析出胶囊。

7.4 微胶囊技术在水产品工业中的应用

7.4.1 微胶囊化虾青素

虾青素是一种油溶性色素，有抑制肿瘤发生、增强免疫力、预防心血管疾病等多方面的生理功能，在食品添加剂、水产养殖、化妆品、保健品和医药工业方面有广阔的应用前景。它是一种非常强的抗氧化剂，其结构中含有一个长的共轭不饱和双键，很容易受光、热、氧等的作用而破坏。因此，天然虾青素水溶性差且易被氧化，限制了其应用。采用微胶囊技术进行包埋处理，可将芯材与周围环境隔开，有效地保护天然虾青素的分子结构，提高其稳定性。胡婷婷等（2014）以羟丙基–β–环糊精（hydroxypropyl-β-cyclodextrin，HP-β-CD）、麦芽糊精为壁材，采用喷雾干燥法制备虾青素微胶囊。在单因素试验的基础上，以虾青素微胶囊包埋率为响应值，以壁材比例、壁材质量浓度、蔗糖酯添加质量分数 3 个因素为响应因子，利用响应面法建立了二次回归实际方程模型，获得了制备虾青素微胶囊的最佳工艺条件为：m（HP-β-CD）：m（麦芽糊精）=2.9：1，壁材质量浓度 0.21 g/mL，蔗糖酯添加质量分数 2%，虾青素添加质量分数 4%，喷雾进风温度 170℃。按此最佳工艺条件制备的虾青素微胶囊包埋率达 95.31%。

黄文哲（2009）以纯胶为主要壁材，通过喷雾干燥工艺制备水溶性和稳定性良好的虾青素微胶囊。确定微胶囊化最佳工艺为壁材组成为油相作为大豆油，含量为 40%（占固形物总量的比例，以下含量也同为占固形物总量比例）；壁材含量 53.5%，其中蔗糖：麦芽糊精：纯胶=1：1：1；黄原胶添加量质量分数为 0.5%；乳化剂含量质量分数为 6%，其中乳化剂组成为吐温–20：蔗糖酯：司班 60=3：3：1；固形物含量为 35%；均质压力为 50 MPa；喷雾干燥进口温度为 190℃；出口温度为 90℃。按此工艺制备的虾青素微胶囊产率为 98.08%，效率为 30.6%，虾青素微胶囊电镜图见图 7-1。

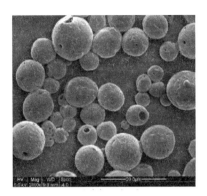

图 7-1　虾青素微胶囊电镜图

7.4.2　微胶囊深海鱼油

深海鱼油中含有的 DHA（二十二碳六烯酸）和 EPA（二十碳五烯酸）能有效降低人体内血清胆固醇、低密度脂蛋白，减少心血管疾病的发生，并具有抗凝血、消炎、抗癌等作用。其中 DHA 还具有健脑益智、提高视力的功能。由于 DHA 和 EPA 极易氧化，给加工和储藏带来了困难。而将 DHA 和 EPA 进行微胶囊包埋，可防止由于氧、光照等造成的氧化变质，掩盖不良风味和色泽；便于食品加工、保存；并可作为营养强化剂添加于不同的食品中，改善食品的营养和保健功能，提高食品的附加值。宋敏等（2015）以鱼油微胶囊的外型和包封率为指标，考察了海藻酸钠质量分数、$CaCO_3$质量分数、壳聚糖质量分数、乳化剂 Span-80 质量分数、芯壁比、壁材比、乳化速率对微胶囊制备效果的影响，通过正交设计得到了优化的工艺参数为：海藻酸钠质量分数 1.5%、$CaCO_3$ 质量分数 8%、壳聚糖质量分数 2.5%、乳化速率 1 000 r/min、乳化剂 Span-80 质量分数 1%、芯壁比 1∶4、壁材比 1∶1，微胶囊包封率达到了 90.73%±2.16%，微胶囊粒径为 100 μm 左右，较均匀。

崔炳群和罗燕平（2005）采用微胶囊技术制作鱼肝油软糖，既能包埋其腥味，又能防止鱼油氧化。吴琼英等（2005）选取蔗糖酯 1.0%，鱼油添加量为壁材量的 30%、麦芽糊精 12%、明胶 3%、阿拉伯胶 3% 的工艺条件制作微胶囊化鱼油，能克服鱼油具有难闻氧化味的缺点。

7.5　微胶囊技术在水产品工业中的发展前景与展望

7.5.1　微胶囊技术还存在的问题

在理论方面，首先，微胶囊的表征目前还无法准确地表达，也没有一种简便可行的方法或者技术标准。其次,微胶囊的囊心缓释机理模型、方式等基础研究以及微胶囊形成过程中的传质和平衡过程及机理研究还不够深入。

在应用方面,解决制备成本过高和壁材及辅助料的安全性问题。研发清洁环保、生产成本低廉、可以连续批量生产的微胶囊工业化生产技术及设备。积极寻找原料易得、廉价、适用范围广、对人类和生态环境安全的壁材是解决途径之一。

7.5.2 微胶囊的新型制备方法

随着微胶囊技术的发展,目前出现了很多新的制取微胶囊的方法。如分子包埋法、微通道乳化法、超临界流体快速膨胀法、酵母微胶囊法、层–层自组装法、模板法、超微胶囊技术、膜乳化(SPG)法等。

1)分子包埋法

分子包埋法又被称为分子包接法或分子包囊法,此法采用的芯材必须含有疏水端。用 β–环糊精为壁材,因为 β–环糊精是有疏水性空腔的环状分子。含有疏水端的芯材可以进入空腔内,靠分子间的作用力结合成分子微胶囊。陈梅香等用该法制备抗氧化剂 BHT 微胶囊取得较好的效果。由于该法操作简单、成本较低,因此具有广阔的应用前景。

2)微通道乳化法

微通道乳化法是近几年才出现的一种制备尺寸大小均一的微胶囊的有效方法,该方法利用表面张力形成微小液滴,微通道的尺寸决定了液滴的尺寸。可以选择适当孔径的膜制备出所需粒径的微胶囊。由于微通道乳化法的出现,使得单分散乳液、单分散微胶囊出现,促进了微胶囊技术在微细加工和生物医药等领域的应用。胡雪等采用 T 型微通道装置制备出尺寸均一的壳聚糖微球,微通道装置水相通道直径 65 μm,油相通道直径 350 μm。得到的壳聚糖微球粒径分布系数低于 10%,球形较好、单分散性良好。朱丽萍等设计了一种共轴微通道反应器,分别以聚乳酸的二氯甲烷溶液和海藻酸钠水溶液作为分散相制备出了单分散的聚合物微球,所制得的产品微球粒径分布均匀,分散系数低至 2.16%,大大降低了用微通道法制备可控微球过程中通道堵塞的几率。

3)超临界流体快速膨胀法

难挥发物质在超临界流体中有很大的溶解度。所以如果将溶质溶解在超临界流体中，然后通过小孔、毛细管等减压，可在很短的时间内快速膨胀，使溶质产生很大的过饱和度，形成大量细小微粒。超临界流体快速膨胀法就是将某种溶质溶解在超临界流体中，然后通过减压膨胀，使溶质以小颗粒的形式析出。通过控制实验条件，可以析出具有一定粒径的空心微囊。然后将生成的空心微囊与芯材高频碰撞接触，微囊即可均匀包裹在芯材外部，再除去未包埋的芯材，即可制得微胶囊产品。胡国勤等用超临界 CO_2 快速膨胀法制备出灰黄霉素超细微颗粒，并用扫描电镜、X 射线衍射等对产品进行表征，证实制得的超细微颗粒粒度均匀，粒径达到 1 μm 左右。

4）酵母微胶囊法

酵母微胶囊法与其他方法不同的是用酵母菌的细胞壁作为微胶囊的壁材。该法的实施需先将酵母菌用酶溶解掉细胞内部的可溶成分，这使酵母菌的细胞壁内部成为空腔，即可以作为微胶囊壁材。让芯材与酵母菌细胞壁空腔高频接触，芯材即可进入细胞壁内形成微胶囊，再除去多余的芯材即可。

5）层－层自组装法

层–层自组装法是利用逐层交替沉积的方法，借助各层分子间的弱相互作用（如静电引力、氢键、配位键等），使层与层自发地缔合形成结构完整、性能稳定、具有某种特定功能的分子聚集体或超分子结构的过程。层－层自组装法主要用于构筑纳米尺度的多层超薄膜并实现膜的功能化，近来也有人利用这种方法制备出了直径在几百到几千纳米范围内的中空微胶囊。层－层自组装法制备微胶囊的显著优越性在于能够在纳米尺度上对胶囊的大小、组成、结构、形态和囊壁厚度进行精确的控制。

6）模板法

模板法是基于模板粒子形成聚合物壳，然后再移去模板粒子而获得具有中空结构的聚合物微球。已用的模板有实心结构模板如带电乳胶粒、无机粒子等，囊泡（双分子层）结构模板如天然物质脂质体、红血球与二甲基二十八烷基溴化铵、二乙基己基磷酸钠等。按合成机理用模板法制中空聚合物微球有转录合成和形态合成两种方法。

本章小结

1. 微胶囊技术是指利用天然或合成高分子材料，将分散的固体、液体，甚至是气体物质包裹起来，形成具有半透性或密封囊膜的微小粒子的技术，直径一般为 1～

1 000 μm，包囊的过程即为微胶囊化，形成的微小粒子称为微胶囊。

2. 食品微胶囊化可以改变物料的存在状态、物料的质量与体积，保护敏感成分，控制释放，隔离物料的组分，掩蔽不良风味和色泽以及降低毒副作用和添加量。微胶囊的制备方法通常根据性质、囊壁形成的机制和成囊的条件分为物理法、物理化学法、化学法三大类，其中以凝聚法、界面聚合法、原位聚合法应用最广。

3. 微胶囊的主要功能是保护膜内物质和控制物质渗透，因此膜的强度和渗透特性是微胶囊的主要性能指标。还有以下特性表征参数：平衡分配系数、截留率、截割相对分子质量，最大孔径以及透过速率。

4. 壁材的选择是进行微胶囊化首先要解决的问题。一般芯材和壁材的溶解性不能相同。食品微胶囊的壁材首先应无毒，符合国家食品添加剂卫生标准；另外，它必须性能稳定，不与芯材发生反应，具有一定的强度、耐摩擦、耐挤压、耐热等性能。大多数为天然或合成的高分子材料，食品中常用的壁材有碳水化合物、蛋白质、脂类。

5. 微胶囊技术在水产品工业中的应用主要体现在微胶囊化虾青素、微胶囊深海鱼油等。微胶囊技术还存在一些问题，如微胶囊的表征目前还无法准确地表达，微胶囊的囊芯缓释机理模型、方式等基础研究以及微胶囊形成过程中的传质和平衡过程及机理研究还不够深入，制备成本过高和壁材及辅助料的安全性问题也亟待解决。

思考题

1. 简述微胶囊的概念。食品微胶囊化的作用有哪些？

2. 微胶囊的特性有哪些？微胶囊的特征表征有哪些？

3. 微胶囊的新型制备方法有哪些？各有何特点？

4. 除了文中提到的微胶囊技术在水产品中的应用实例外，还有哪些具体的应用？请查文献整理一篇综述。

参考文献

白中明. 2005. 工业化超声波中药提取装备研究[J]. 中草药，36(8)：1274-1276.

毕红卫. 1999. r–亚麻酸提取方法的改进[J]. 南都学坛：南阳师专学报，19(6)：49-52.

曹军，陈勇，杨瑞章，等. 2010. 分散固相萃取分离–气相色谱法测定银鱼中拟除虫菊酯类农药残留量[J]. 理化检验:化学分册，（10）：1176-1178.

陈炜，梁明明，白永安，等. 2013. 小球藻不同生长时期总脂含量和脂肪酸组成的变化[J]. 水产科学，32(9)：545-548.

楚水晶. 2010. 马面鱼皮胶原蛋白的制备及特性研究[D]. 大连：大连工业大学，2010.

崔炳群，罗燕平. 2005. 鱼肝油微胶囊化研究[J]. 食品工业科技，26(5)：79-80.

刁全平，侯冬岩，回瑞华，等. 2008. 三文鱼脂肪酸的气相色谱–质谱分析[J]. 食品科学，29(12)：547-548.

方益，赵巧灵，严忠雍，等. 2015. 气相色谱–质谱联用法测定水产加工品中胆固醇氧化物的研究[J]. 食品科技，3：309-314.

符贵红，褚武英，成嘉，等. 2008. 鲢肌肉脂肪酸分离方法效果比较及组成特征分[J]. 淡水渔业，38(3)：13-17.

傅红，裘爱咏. 2002. 分子蒸馏法制备鱼油多不饱和脂肪酸[J]. 无锡轻工大学学报，21(6)：617-621.

傅红，裘爱咏. 2006. 分子蒸馏法富集鱼油 ω–3 脂肪酸[J]. 中国粮油学报，21(3)：156-159.

过菲，林之川. 2002. 超滤技术在羊栖菜粗多糖提取工艺中的应用[J]. 食品工业科技，23(10)：50-51.

韩少卿，赵芹，彭奇均. 2005. 膜分离技术提取海藻糖的工艺[J]. 食品与生物技术学报，2：43-48.

韩振为，周冉. 2006. 卤虾油有效成分的 GC-MS 分析[J]. 食品科学，27(9)：211-214.

胡爱军, 陆海勤, 丘泰球. 2005. 海藻中 EPA、DHA 萃取技术的比较研究[J]. 海洋通报, 24(4): 27-31.

胡红美, 郭远明, 孙秀梅, 等. 2013. 超声波萃取–GPC 净化–GC–ECD 法测定鲍鱼不同组织中的多氯联苯[J]. 食品科学, 34(24): 217-221.

胡婷婷, 王茵, 吴成业. 2014. 响应面法优化虾青素微胶囊制备工艺[J]. 食品科学, (12): 53-59.

黄俊辉, 曾庆孝. 2001. 超临界 CO_2 萃取法提取海带多不饱和脂肪酸的研究[J]. 食品工业科技, 22(4): 18-21.

黄文哲. 2009. 以纯胶为主要壁材微胶囊化虾青素的研究[D]. 无锡: 江南大学.

吉仙枝. 2012. 超声波提取–气相色谱法测定鱼类食品中的多氯联苯[J]. 中国酿造, 31(8): 116-119.

姜爱莉, 郭尽力, 王长海. 2006. 超临界 CO_2 提取海鞘脂肪酸的研究[J]. 海洋科学, 30(5): 28-31.

姜承志, 翟秀静, 张廷安, 等. 2011. Span80-TBP-NaOH 体系乳状液膜法富集红土矿浸出液中镍的研究[J]. 材料与冶金学报, 10(1): 15-18.

姜承志, 翟秀静, 张廷安. 2010. 乳状液膜法提取红土矿浸出液中镍[J]. 过程工程学报, 10(4): 691-695.

蒋凤华, 赵美丽, 王晓艳, 等. 2012. 超声波提取–荧光法测定贝类体内石油烃含量[J]. 海洋环境科学, 6: 28-32.

蒋慧. 2012. 超声波萃取–气相色谱法测定水产品中多氯联苯残留[J]. 安徽农业科学, 40(2): 954-955.

劳邦盛, 盛国英, 傅家谟, 等. 2000. 牡蛎中脂肪酸在储藏过程中的稳定性[J]. 色谱, 18(4): 340-342.

冷扬, 刘艳芬, 鲍波, 等. 2013. 用冻融结合超声波法辅助提取浒苔多糖的工艺条件[J]. 广东海洋大学学报, (1): 64-67.

李恩霞, 徐娜, 李福伟, 等. 2012. 南极磷虾油脂中脂肪酸的组成分析[J]. 山东科学, 25(5): 88-91.

李立, 薛敏钊, 王伟, 等. 2004. 原位聚合法制备分散染料微胶囊[J]. 精细化工, 21(1): 76-80.

李民贤, 蔡伊婷, 游宜屏, 等. 2009. 海洋褐藻功能性成分之萃取与有效性评估[Z]. 健康管理与学术研讨会.

李娜，邓永智，李文权. 2009. 蜈蚣藻中萜类化合物的超临界 CO_2 流体萃取及 GC-MS 分析[J]. 食品科学，12：131，134.

李荣，何力，徐进，等. 2010. 气相色谱–离子阱–多级质谱法检测鱼体组织中 19 种有机氯农药[J]. 质谱学报，31(2)：110-115.

李文权，王清地，陈清花，等. 2000. 超声波对球等金藻脂肪酸组成的效应研究犬[J]. 海洋科学，24(4)：43-50

李新，刘震. 1999. β–胡萝卜素原料筛选及其超临界二氧化碳萃取[J]. 南京林业大学学报:自然科学版，23(3)：37-40.

梁井瑞，胡耀池，陈园力，等. 2012. 分子蒸馏法纯化 DHA 藻油[J]. 中国油脂，37(6)：6-10.

林情员. 2009. 高效液相色谱法检测鱼肝中维生素 A[J]. 福建分析测试，18(2)：79-82.

林文，田龙，王志祥，等. 2013. 尿素包合法联合分子蒸馏技术提纯乙酯化鱼油中 EPA 及 DHA 的工艺研究[J]. 中国粮油学报，27(12)：84-88.

刘程惠，王雪冰，胡文忠. 2009. 超临界 CO_2 流体萃取大马哈鱼籽中 DHA 和 EPA 的工艺[J]. 食品与发酵工业，5：194-198.

刘光明，余惠琳，黄秀秀，等. 2011. 加工处理方式对蟹类原肌球蛋白的消化稳定性和过敏原性的影响[J]. 中国食品学报，11(4)：14-22.

刘红河，刘桂华，杨俊，等. 2009. 高效液相色谱–电喷雾串联质谱法测定鱼体中雪卡毒素[J]. 分析化学，37(11)：1675-1678.

马媛，王璐，孙玉梅，等. 2006. 超临界萃取法提取扇贝内脏脂质的研究[J]. 食品与发酵工业，32(9)：156-159.

潘碧枢. 2006. 海藻生物活性成分的超临界 CO_2 萃取及其抗氧化作用研究[D]. 南京：南京农业大学.

曲敬绪，张国亮. 2001. 电渗析回收鱼粉蛋白的实验[J]. 水处理技术，27(1)：37-38.

石勇，古维新. 2003. 超临界 CO_2–分子蒸馏对螺旋藻有效成分的萃取与分离[J]. 广东药学，13(1)：10-11.

宋丽娜，黄晓东，雷红，等. 2007. 一种新的鲨鱼肝刺激多肽 (sHSP) 刺激肝细胞增殖和保护受损 β 细胞作用[J]. 中国天然药物，5(4)：306-311.

宋敏，何健东，龚智强，等. 2015. 复凝聚法制备金枪鱼鱼油微胶囊的工艺优化[J]. 食品工业，3：39-44.

谭青松，付洁，何瑞国. 2007. 高效液相色谱法测定鱼样中的维生素 A，维生素 D_3 和维生素 E[J]. 动物营养学报，19(5)：636-640.

滕怀华，李成勇. 2002. 超滤在天然甘露醇精制中的应用[J]. 膜科学与技术，22(4)：35-337.

汪华明，徐文斌，沈江南. 2010. 乳状液膜法提取浓海水中溴的研究[J]. 浙江化工，41(9)：202-203.

王芬. 2006. 鱼油中多不饱和脂肪酸的富集研究[D]. 天津：天津大学.

王丽，桑宏庆，吴师汉. 2012. 超声波萃取在组胺测定样品预处理中的应用[J]. 饮料工业，15(5)：39-42.

王丽杰，张东杰，褚洋洋，等. 2006. 超临界 CO_2 流体萃取平贝母中总生物碱工艺的研究[J]. 黑龙江八一农垦大学学报，18(3)：74-78.

王晴，李玉洲，魏建红，等. 2011. 渗透汽化膜技术回收含水异丙醇的工业研究[J]. 河北科技大学学报，32(2)：165-168.

王亚男，徐茂琴，季晓敏，等. 2014. 分子蒸馏富集金枪鱼鱼油 $\omega-3$ 脂肪酸的研究[J]. 中国食品学报，7：52-58.

王智，杨洁，张颖，等. 2013. 超高效液相色谱–串联质谱法快速测定水产加工食品中的河豚毒素[J]. 中国渔业质量与标准，3(3)：39-43.

位绍红. 2010. 高效液相色谱法测定鲈鱼体中喹烯酮的残留[J]. 福建水产，1：54-58.

翁婷，金银哲，陶宁萍，等. 2013. 南极磷虾中虾青素超临界 CO_2 萃取方法研究[J]. 天然产物研究与开发，10：18-22.

吴海燕，解万翠，杨锡洪，等. 2009. 固相微萃取–气相色谱–质谱联用法测定腌制金丝鱼挥发性成分[J]. 食品科学，18：278-281.

吴琼英，贾俊强，马海乐. 2005. 鱼油微胶囊化技术的研究[J]. 食品工业，26(2)：54-56.

席英玉. 2008. 食品中农药残留分析技术进展[J]. 福建水产，1，70-74.

徐椿慧，王冬梅，齐富刚，等. 2013. 超声波–微波协同萃取法提取海藻中的有效成分 [J]. 江苏农业科学，41(7)：271-272.

薛德明，于品早，张国防，等. 2003. 膜技术处理褐藻酸钠废水[J]. 膜科学与技术，23(004)：47-50.

杨日福，丘泰球，郭娟. 2008. 超临界 CO_2 流体中空化泡共振频率的分析[J]. 华南理工大学学报：自然科学版，36(7)：32-38.

杨霞，张志胜，郑乾魏，等. 2013. 超临界 CO_2 萃取南美白对虾虾青素的工艺优化 [J]. 农业工程学报，29(A01)：294-300.

杨远帆，陈申如，吴光斌，等. 2008. 鱼露风味成分的萃取及气相色谱分离条件的优化[J]. 食品科学，29(6)：346-349.

袁丽,高瑞昌,薛长湖,等. 2011. 超声波对鱿鱼墨黑色素成分和物理结构的影响[J]. 农业工程学报,27(14):376-80.

张春雨. 2007. 超声波辅助提取黑糯玉米芯色素设备设计[D]. 合肥:合肥工业大学.

张弘,谢果凰,茅大振,等. 2009. 响应面法优化鲨鱼硫酸软骨素的提取条件[J]. 食品科学, 22:231-235.

张昆. 邵晨. 1995. 用超临界 CO_2 从螺旋藻中萃取食用黄色素的研究[J]. 食品与机械, (3):29-34.

张良,袁瑜,李玉锋. 2008. CO_2 超临界萃取川贝母游离生物碱工艺研究[J]. 西华大学学报:自然科学版,1:39-41.

张穗,宋启煌. 1999. 海洋微藻中 EPA 和 DHA 的超临界 CO_2 提取方法研究[J]. 热带海洋,18(2):33-38.

张晓波. 2005. 气相色谱–质谱法分析鉴定鱼体内杀虫双[J]. 理化检验:化学分册, 41(9):633-635.

张艳萍,戴志远,张虹. 2010. 紫贻贝酶解物中降血压肽的超滤分离[J]. 食品与发酵工业,9:46-51.

赵庆喜,薛长湖,徐杰,等. 2007. 微波蒸馏–固相微萃取–气相色谱–质谱–嗅觉检测器联用分析鳙鱼鱼肉中的挥发性成分[J]. 色谱,25(2),267-271.

赵亚平,吴守一. 1997. 从鱼油中提取分离高纯度 EPA 和 DHA 的试验研究[J]. 农业工程学报,13(4):198-201.

周冉. 2006. 卤虾油营养成分的分子蒸馏法提取 [D]. 天津:天津大学.

周玉文,赵生国,吴景芝. 2011. 离子色谱法分析水产类加工食品中亚硫酸盐的方法研究[J]. 甘肃科技,27(20):64-66.

朱廷风,廖传华. 2003. 螺旋藻中 β–胡萝卜素的超临界 CO_2 萃取实验研究[J]. 粮油加工与食品机械,4,66-68.

Abdelkader Ali-nehari, Byung-Soo Chun B-S. 2012. Characterization of purified phospholipids from krill (Euphausia superba) residues deoiled by supercritical carbon dioxide [J]. Korean Journal of Chemical Engineering, 29(7): 918-924.

Bourtoom T, Chinnan M, JANTAWAT P, et al. 2009. Recovery and characterization of proteins precipitated from surimi wash-water [J]. LWT-Food Science and Technology, 42(2): 599-605.

Cermak S C, John A L, Evangelista R L. 2007. Enrichment of decanoic acid in cuphea fatty acids by molecular distillation [J]. Industrial crops and products, 26(1): 93-99.

Conidi C, Cassano A, Drioli E. 2011. A membrane-based study for the recovery of polyphenols from bergamot juice [J]. Journal of Membrane Science, 375(1): 182-190.

Drioli E, Di profio G, Fontananova E. 2004. Membrane separations for process intensification and sustainable growth [J]. Fluid/Particle Separation Journal, 16: 1-18.

Eastoe J, Paul A, Nave S, et al. 2001. Micellization of hydrocarbon surfactants in supercritical carbon dioxide [J]. Journal of the American Chemical Society, 123(5): 988-989.

Fikar M, Kov cs Z, Czermak P. 2010. Dynamic optimization of batch diafiltration processes [J]. Journal of Membrane Science, 355(1): 168-174.

Harada K-I, Suzuki M, Kato A, et al. 2001. Separation of WAP-8294A components, a novel anti-methicillin-resistant Staphylococcus aureus antibiotic, using high-speed counter-current chromatography [J]. Journal of Chromatography A, 932(1): 75-81.

Hardardottir I, Kinsella J E. 1988. Extraction of lipid and cholesterol from fish muscle with supercritical fluids [J]. Journal of Food Science, 53(6): 1656-1658.

Hwang L S, Liang J-H. 2001. Fractionation of urea-pretreated squid visceral oil ethyl esters [J]. Journal of the American Oil Chemists' Society, 78(5): 473-476.

Joen Y J, Byun H G, Kim S K. 1999. Improvement of functional properties of cod frame protein hydrolysates using ultra filtration membrane[J]. Process Biochemistry, 35: 471-478.

Johnston K P, Shah P S. 2004. Making nanoscale materials with supercritical fluids [J]. Science, 303(5657): 482-483.

Junqi H. 2005. Processing of sunflower seed oil by ultrasonic treatment and its antioxidation [J]. Science and Technology of Food Industry, 1: 15-20.

Kawala Z, Dakiniewicz P. 2002. Influence of evaporation space geometry on rate of distillation in high-vacuum evaporator [J]. Separation science and technology, 37(8): 1877-1895.

Langenfeld J J, Hawthorne S B, Miller D J, et al. 1993. Effects of temperature and pressure on supercritical fluid extraction efficiencies of polycyclic aromatic hydrocarbons and polychlorinated biphenyls [J]. Analytical Chemistry, 65(4): 338-344.

Liu J, Han B, Li G, et al. 2001.Investigation of nonionic surfactant Dynol-604 based reverse microemulsions formed in supercritical carbon dioxide [J]. Langmuir, 17(26): 8040-8043.

Lucy Sun, Hwang, Jer-Hour Liang. 2001. Fractionation of urea-pretreated squid visceral oil ethyl esters[J]. Journal of the American Oil Chemists' Society, 78(5): 473-476.

Lutišan J, Cvengroš J, Micov M. 2002. Heat and mass transfer in the evaporating film of a molecular evaporator [J]. Chemical Engineering Journal, 85(2): 225-234.

Marentis R, James K. 2001. Processing pharmaceuticals with supercritical fluids: proceedings of the 4th Brazilian meeting on supercritical fluids EBFS, F, 2001 [C].//

Oka H, Harada K-I, ITO Y, et al.1998.Separation of antibiotics by counter-current chromatography [J]. Journal of Chromatography A, 812(1): 35-52.

Reverchon E, De marco I.2006. Supercritical fluid extraction and fractionation of natural matter [J].The Journal of Supercritical Fluids, 38(2): 146-166.

Sethuraman R.1997.Supercritical fluid extraction of capsaicin from peppers [J]. (7): 59-63.

Shi H, Taylor L, Fujinari E, et al. 1997. Sulfur-selective chemiluminescence detection with packed column supercritical fluid chromatography [J].Journal of Chromatography A, 779(1): 307-313.

Strode J, Loughlin T P, Dowling T M, et al.1998.Packed-column supercritical fluid chromatography with chemiluminescent nitrogen detection at high carbon dioxide flow rates [J]. Journal of Chromatographic Science, 36(10): 511-515.

Yu E, Richter M, Chen P, et al. 1995. Solubilities of polychlorinated biphenyls in supercritical carbon dioxide [J]. Industrial & Engineering Chemistry Research, 34(1): 340-346.

附　　录

实验一　蛋白质的透析

一、实验目的

学习透析的基本原理和操作。

二、实验基本原理

蛋白质是大分子物质，它不能透过透析膜，而小分子可以自由透过。在分离提纯蛋白质的过程中，常利用透析的方法使蛋白质与其中夹杂的小分子物质分开。

三、实验仪器、材料及试剂

1. 仪器

透析袋、烧杯、玻璃棒、磁力搅拌器及搅拌棒、刻度试管及试管架、滴管。

2. 材料及试剂

蛋白质氯化钠溶液（3 个去除卵黄的鸡蛋清与 700 mL 水及 300 mL 饱和氯化钠溶液混合后，用数层纱布过滤）、50%乙醇，10 g/L 碳酸钠溶液，1 mmol/L EDTA 溶液、10%硝酸溶液、1%硝酸银溶液、10%氢氧化钠溶液、1%硫酸铜溶液。

四、操作步骤

1. 透析袋的预处理

将一适当大小和长度的透析袋放在 50%乙醇中煮沸 1 h（或浸泡一段时间），再用大体积的 10 g/L 碳酸钠溶液和 1 mmol/L EDTA 溶液煮沸 10 min，最后用蒸馏水洗涤数次，存放于 4℃ 保存，必须确保透析袋始终淹没在溶液内。用前将透析袋内装满水然后排出，将其清洗干净。

2. 用蛋白质氯化钠溶液做双缩脲反应实验

取蛋白质氯化钠溶液 1 mL，加 10% 氢氧化钠溶液 1 mL，振荡摇匀，再加 1% 硫酸铜溶液 1 滴，振荡，观察出现的粉红颜色以鉴定蛋白质。取出预处理好的透析袋，检查是否完好，用水清洗干净，结扎管的一端，向其中加入 10 mL 左右的蛋白质氯化钠溶液，放在盛有蒸馏水的烧杯中，于磁力搅拌器上搅拌，约 1 h 后，自烧杯中取水 1 mL，加入 10% 硝酸溶液 5 mL 振荡摇匀使成酸性，再加入 1% 硝酸银溶液 0.5 mL，检查氯离子的存在，评价氯化钠是否可以透过透析袋。

另自烧杯中和透析袋内容物中各取一份做双缩脲反应，检查是否有蛋白质的存在，评价蛋白质是否能透过透析袋。不断更换烧杯中的蒸馏水并用磁力搅拌器不断搅拌以加速透析过程，数小时后从烧杯中的溶液中不再能检测出氯离子时停止透析，并检查透析袋内容物是否有氯离子或蛋白质的存在。

五、数据处理

样　　品	反应现象	
	硝酸银沉淀反应	双缩脲反应
透析袋外烧杯中水		
透析袋内容物		
结论		

实验二　离子交换色谱法分离氨基酸

一、实验目的

1. 掌握离子交换色谱法的原理和操作。
2. 学习氨基酸的分离纯化原理与方法。

二、实验基本原理

离子交换色谱是利用离子交换剂上的可交换离子与周围介质中待分离的各种离子间的亲和力的不同，通过改变 pH 值，使吸附在离子交换剂上的分子失去它们的电荷而被洗脱下来。

氨基酸是两性电解质，有一定的 pI，在溶液 pH 小于其 pI 时带正电，大于其 pI 时带负电，故在一定 pH 条件下，各种氨基酸的带电情况不同，与离子交换剂上的交换基团的亲和力亦不同，因而得到分离。

本实验选用 Dowex50 作为离子交换剂，它是合磺酸基团的强酸性阳离子交换剂，分离的样品为 GIy、Asp、Lys 3 种氨基酸的混合液，这 3 种氨基酸的 pI 分别为 2.77、5.95、9.74。它们在 pH 4.2 的缓冲液中分别带负电荷和不同量的正电荷，与 Dowex50 的磺酸基团之间的亲和力不同，因此被洗脱下来的顺序亦不同，可以将 3 种不同的氨基酸分离开来，将各收集管分别用茚三酮显色鉴定。

三、实验仪器、材料及试剂

1. 仪器

721 型分光光度计、沸水浴。

2. 材料及试剂

（1）材料

层析柱（0.8～1.2）cm ×25 cm，试管，烧杯，乳胶管，橡皮筋，pH 计（试纸），胶头滴管、氨基酸混合液、GIy、Asp、Lys 各 10 mg 溶于 30 mL 0.06 mol/L pH 4.3 柠檬酸钠缓冲液中。

Dowex50 的处理：Dowex50 用蒸馏水充分浸泡后，6 mol/L HCl 浸泡煮沸 1 h，然后用蒸馏水洗去 HCl 至树脂 pH 呈中性，换 15% NaOH 浸泡 1 h，用蒸馏水洗去 NaOH 至树脂 pH 呈中性，最后用 pH 4.2 柠檬酸钠缓冲液浸泡备用。

（2）试剂

0.1 mol/L NaOH，15% NaOH，6 mol/L HCl。

0.06 mol/L pH 4.2 柠檬酸钠缓冲液：取二水合柠檬酸三钠 88.2 g 溶于蒸馏水中，再加入 42 mL 12 mol/L HCl 和 6 mL 80% 苯酚(现用可不加苯酚)，加蒸馏水至 5 000 mL，溶液 pH 调至 4.2。

茚三酮显色液：醋酸钠缓冲液 90 mL，乙二醇 180 mL，茚三酮 3.3 g，溶解后加三氧化铣 0.6 mL。

醋酸钠缓冲液：醋酸钾 26.16 g，醋酸钠 12.24 g，一水合柠檬酸钾 0.36 g，冰醋酸 9 mL，加水至 90 mL。

四、操作步骤

1. 装柱前准备

用蒸馏水冲洗色谱柱，在柱流水出口处装上乳胶管，柱内放入 2~3 mL 蒸馏水，排出乳胶管内气泡，抬高乳胶管出口，防止柱内蒸馏水排空。

2. 装柱

将处理好的 Dowex50 悬液小心倒入色谱柱内，待 Dowex50 自然下沉至柱下部时，降低乳胶管出口，放出液体，再慢慢加入悬液至 Dowex50 沉积高度为 18~20 cm 时停止。装柱时必须防止液面低于树脂平面、分层、有气泡等现象产生。

3. 树脂再生与平衡

用 0.1 mol/L NaOH 溶液洗脱色谱柱 6 min，然后将 pH 为 4.2 柠檬酸钠缓冲液反复加在柱床上面，平衡 10 min 左右，用 pH 试纸测得流出液的 pH 值为 4.2，最后调节流速为 15~20 滴／min。

4. 加样

柱内缓冲液的液面与树脂平面几乎相平，但不能使树脂露出液面，马上用胶头滴管加 5 滴样品于树脂表面（注意不能破坏树脂平面），然后加少量 pH 4.2 柠檬酸钠缓冲液两次，使样品进入柱内。当样品完全进入树脂床内时，即可加入 pH 4.2 柠檬酸钠缓冲液大量洗脱，并于加样时就开始收集。

5. 收集与检测

取 12 支试管，编号，每管加入茚三酮显色液 10 滴，依次收集洗脱液，每管 2 mL（约 40 滴），混匀，置沸水水浴 15 min，取出，溶液显蓝紫色者为氨基酸阳性反应。观察颜色或用自来水冷却后以蒸馏水作空白对照，在波长 570 mm 处比色。当收集至第二洗脱峰出现时，换用 0.1 mol/L NaOH 溶液洗脱，直至第三洗脱峰出现后停止洗脱。

6. 树脂的再生

用 0.1 mol/L NaOH 溶液洗脱色谱柱 6 min。

7. 回收树脂

拔去乳胶管,用洗耳球对着色谱柱流出口将树脂吹入装树脂的小瓶内,加 0.1 mol/L NaOH 溶液浸泡。

五、实验数据处理

以吸光度或颜色深浅(以−,+,++,……表示)为纵坐标,洗脱管号为横坐标,绘制洗脱曲线。

实验三　超临界 CO_2 萃取鱼油

一、实验目的

1. 进一步理解超临界流体萃取原理,掌握超临界 CO_2 流体萃取的操作和工艺条件的选择。

2. 掌握超临界流体萃取设备的使用和维护。

二、实验基本原理

鱼油除脂肪酸含量高以外,还富含维生素 E、维生素 A 和亚油酸,不含胆固醇,长期食用可预防动脉硬化。鱼油的传统生产方法有浸提法和压榨法等,但易导致维生素等营养素的氧化、浸提流失等损失。采用超临界 CO_2 萃取鱼油可有效降低这些损失,且不用脱胶,有利于生产高质量鱼油。超临界 CO_2 萃取鱼油的质量相得率与萃取工艺条件密切相关,因此,通过控制良好的萃取条件,可获得高萃取率的精制鱼油产品。

三、实验仪器、材料及试剂

1. 仪器

SCFD-1 型超临界 CO_2 流体萃取设备。

2. 材料及试剂

新鲜海鱼。

四、操作步骤

1. 原料预处理

将新鲜海鱼匀浆过 100 目左右。

2. 超临界萃取设备准备

（1）打开设备电源，检查冷冻机及冷却水是否充足。

（2）检查 CO_2 气瓶压力是否有 5~6 MPa，低于此压力说明 CO_2 需补充装足。

（3）检查管路及各连接部位是否牢靠。

（4）将加热箱内加入冷水，注意不宜太满。看冷却水是否充足。

（5）将鱼浆装入料筒，不要装得太满，离筒顶部 2~3 cm。

（6）将料筒放入萃取釜，盖好压环，拧紧上堵头。

3. 萃取

（1）接通制冷开关，同时开通冷却循环水。

（2）打开萃取釜、分离釜加热开关，设置萃取和分离温度。

（3）当冷却水温度降至 0℃，萃取釜及分离釜温度达到设定值时操作：

①打开 CO_2 气瓶，CO_2 经过冷却水箱液化后，通过加压泵进入萃取釜，排出萃取釜内残留的空气。

②开启加压泵，调节萃取釜的控压阀门，使萃取釜压力缓慢升至分离压力。

③调节分离釜的控压阀门，使分离釜压力缓慢升至分离压力。

④设量萃取流速。

4. 萃取工艺条件

萃取压力 20 MPa，萃取温度 45℃，分离温度 45℃，分离压力等于 CO_2 气瓶压力，萃取过程中 CO_2 流量控制在 16 g/h 左右，萃取时间 2 h。

5. 鱼油收集

萃取结束，缓慢打开分离釜底部阀门，放出萃取分离出的鱼油；称重，计算萃取得率。

6. 排渣

缓慢旋松萃取釜下游端管道阀门，将萃取釜内 CO_2 排至分离釜及下游管道直至萃取釜压力与分离釜压力相等。关闭萃取釜上游和下游端阀门，将萃取釜内 CO_2 缓慢排至室外空气中，至萃取釜压力为零时，旋开萃取釜上堵头，取出料筒，卸干料渣，洗净料筒。

7. 设备清洗

重新将料筒放入萃取釜，盖好压环，拧紧上堵头。按萃取操作流程，开启携带剂罐. 将乙醇泵入萃取釜，按萃取操作流程清洗设备及管道。

五、注意事项

（1）超临界萃取设备为高压设备。因此，操作前应充分熟悉设备结构、操作流程。设备运转过程中，不得离开工作岗位。如发生异常情况，要立即停机关闭总电源，再检查异常原因。

（2）整个操作过程中，阀门开启要缓慢，以防止高压 CO_2 损坏设备。

（3）最后一级的分离操作条件（压力、温度）必须与气瓶出口条件相同，防止回流的 CO_2 中夹带的萃取物堵塞管道。

（4）操作前和操作过程中要仔细检查设备是否有 CO_2 泄漏，从萃取釜排出的 CO_2 必须排至室外空气中，以防止 CO_2 中毒。

六、实验数据处理

所制备的鱼油称重，计算萃取得率。

实验四　鱼类中 4 种有机磷农药残留量的测定

一、实验目的

1. 掌握气相色谱仪的工作原理及使用方法。
2. 学习鱼体中有机磷农药残留的气相色谱测定方法。

二、实验基本原理

鱼试样中的有机磷农药经有机溶剂丙酮溶解、提取分离出的下层滤液中，加入硫酸钠溶液增大极性后，用极性较大的二氯甲烷提取，分离后得到滤液，用二氯甲烷在丙酮的水溶液中提取分离后得到滤液的操作过程需进行两次，且将两次所得提取的滤液合并。为防干扰，在合并的提取滤液中加入中性氧化铝层析纯化，加入无水硫酸钠脱水，蒸发浓缩后，用丙酮溶解并定容，然后进样，用气相色谱法测定。用经酸洗和二甲基二氯硅烷处理的白色硅藻土作担体，用苯基（50％）甲基聚硅氧烷（OV-17）和 1，1，1-三氟丙基甲基硅氧烷聚合物（QF-1）作混合固定液，用火焰光度检测器检测，以保留时间定性，以峰面积或峰高比较法定量。

三、实验仪器、材料及试剂

（1）丙酮、二氯甲烷均为分析纯。

（2）中性氧化铝：在 550℃灼烧 4 h。

（3）无水硫酸钠：在 700℃灼烧 4 h 后备用。

（4）硫酸钠溶液：20 g/L。

（5）农药标准混合贮备溶液的制备：分别称取 10.00 mg（称准至 0.002 g）敌敌畏、乐果、马拉硫磷、对硫磷标准品，用丙酮溶解，并定容至 100 mL，摇匀。每 1 mL 相当于农药各 0.10 mg，即质量浓度为 0.10 mg / mL，作为储备溶液，置冰箱中保存。

（6）农药标准混合应用溶液：临用时吸取 1.0 mL 农药标准储备溶液，用丙酮稀释，并定容至 50 mL。此溶液每 l mL 相当于农药各 2.0 μg。

（7）担体：ChromosorbWAW–DMCS，经酸洗和二甲基二氯硅烷处理的白色硅藻土担体，粒度为 0.18~0.25 mm。

（8）固定液：①苯基（50％）甲基聚硅氧烷（OV-17）。②1，1，1-三氟丙基甲基硅氧烷聚合物（QF-1）。

（9）高纯氮气。

（10）高纯氢气。

四、操作步骤

（一）仪器参考条件

（1）色谱柱：柱内填装涂渍 1.5%OV-17+2%QF-1 混合固定液的 ChromosorbWAW–DMCS 担体。

汽化室温度为 250℃、柱温为 220℃（测定敌敌畏时为 190℃），如同时测定 4 种农药，可采用程序升温。

（2）检测器：火焰光度检测器（FPD），检测器的温度为 250℃。

（3）气体流速：载气（氮气）的流速为 60 mL/min、燃气（氢气）的流速为 13 mL/min、助燃气（空气）的流速为 60 mL/min（应按仪器型号不同选择其最佳比例）。

（4）进样量：1~3 μL。

（二）试样的制备

将有代表性的鱼试样切碎混匀，备用。

（三）提取和净化

准确称取 20.00 g 切碎混匀的鱼试样于 250 mL 碘量瓶中，加 60 mL 丙酮，置电动振荡器上振摇 0.5 h，经滤纸过滤，收集滤液，并测量体积。取 30 mL 滤液于 125 mL 分液漏斗中，加 60 mL 20 g/L 的硫酸钠溶液、30 mL 二氯甲烷，震荡提取 2 min 后，静置分层，将下层提取液放入另一个 125 mL 分液漏斗中，而丙酮水溶液中再加入 20 mL 二氯甲烷同样操作提取后，经过滤得到的下层提取液与上次的提取液合并，在合并的二氯甲烷提取液中加 5.5 g 中性氧化铝，轻摇数次后，加 20 g 无水硫酸钠，振摇脱水，过滤于蒸发皿中，用 20 mL 二氯甲烷分两次洗涤分液漏斗，洗液倒入蒸发皿中，在 55℃ 水浴上蒸发浓缩至 1 mL 左右，用丙酮少量多次将残液洗入具塞刻度小试管中，并定容至 2 ~ 5 mL。如溶液含少量水，可在蒸发皿中加少量无水硫酸钠后，再用丙酮少量多次洗入具塞刻度小试管中，定容至 2 ~ 5 mL。准备进样测定用。

（四）样品测定

用微量进样器吸取 1~3 μL 农药标准应用溶液或试样溶液注入色谱柱，得到色谱曲线，测量峰高，进行定性、定量分析。

五、实验注意事项

（1）本法适用于肉类、鱼类中敌敌畏、乐果、马拉硫磷、对硫磷农药的残留量的测定，敌敌畏、乐果、马拉硫磷、对硫磷的检出极限质量分数（mg / kg）分别为 0.03、0.015、0.015、0.008。

（2）在重复性条件下测得的两次独立结果的绝对差值不能超过算术平均值的 10%。

（3）被农药污染的鱼类多数有畸形变异表现，如鱼头过大、鱼眼浑浊、脊柱弯曲、鱼鳃发红、鱼鳞易脱、肌肉瘀血等，这样的活鱼、死鱼不能食用。

六、实验数据处理

测定结果按下式进行计算，

$$w_i = (A_i \times V_1 \times V_3 \times ms_i) / (As_i \times V_2 \times V_4 \times m)$$

式中，w_i 为 i 组分有机磷农药的质量分数，单位：mg/kg；A_i 为试样中 i 组分的峰面积，单位：mm^2；As_i 为混合标准溶液中 i 组分的峰面积；V_1 为试样提取液的总体积，单位：mL；V_2 为净化用提取液的总体积，单位：mL；V_3 为浓缩后的定容体积，单位：mL；

V_4 为进样体积，单位：mL；ms_i 为注入色谱仪中的标准组分 i 的质量，单位：ng；m 为试样的质量，单位：g。

计算结果保留算术平均值的两位有效数字。

实验五 层析柱装填及柱效测定

一、实验目的

1. 掌握凝胶过滤层析的原理，掌握凝胶柱柱效测定方法。
2. 熟悉凝胶层析的一般过程；了解凝胶介质的选择原则和应用领域。
3. SephadexG-50 凝胶柱的装填；凝胶柱柱效测定。
4. 凝胶再生的方法。

二、实验基本原理

凝胶过滤层析也称分子筛层析、排阻层析，是利用具有网状结构的凝胶的分子筛作用，根据被分离物质的分子大小不同来进行分离。相对分子质量大的生物分子由于不能进入或不能完全进入凝胶内部的网孔，沿着凝胶颗粒间的空隙或大的网状孔通过，大分子相对于小分子迁移的路径短，保留值小，所以在层析过程中迁移速度最快，先从柱中流出；反之，分子量小的生物分子保留值大，后从柱中流出。凝胶层析常用于分离纯化蛋白质（包括酶类）核酸、多糖、激素、病毒、氨基酸和抗生素等生物大分子，也可用于样品的浓缩和脱盐及测定生物大分子的分子质量等方面。

三、实验仪器、材料及试剂

（1）实验仪器

层析柱（1×40 cm）、砝码天平、玻璃棒、分部收集器、核酸蛋白质检测仪、记录仪、滴头吸管。

（2）实验材料和试剂

SephadexG-50，0.02 mol/L pH 8.0 的 PBS 缓冲液、5% 丙酮（PBS 缓冲液作为溶剂）。

四、操作步骤

（1）清洗层析柱。

（2）测定层析柱的内径、高度，计算所需凝胶的体积。

（3）根据 SephadexG-50 的膨胀体积，计算所需干凝胶的质量。称取相应质量的干凝胶，加入其总吸液量 10 倍的 0.02 mol/L PBS 在 100℃水浴中加热溶胀 1 h 以上，溶胀之后将极细的小颗粒倾泻出去。用真空干燥器抽尽凝胶中空气，并将凝胶上面过多的溶液倾出。关闭层析柱出水口，向柱管内加入约 1/4 柱容积的洗脱液（重复使用的填料，从此步开始），边搅拌，边将薄浆状的凝胶液连续倾入柱中，使其自然沉降。等凝胶沉降 2~3 cm 后，打开柱的出口，调节合适的流速，使凝胶继续沉积。待沉积的胶面上升到离柱的顶端约 5 cm 处时停止装柱，关闭出水口，通过 2~3 倍柱床体积的洗脱液使柱床稳定（流速 0.5～1 mL/min），始终保护凝胶上端有一段液体。准备好恒流泵、分部收集器、核酸蛋白检测仪及记录仪。打开柱上端的螺丝帽塞子，吸出层析柱中多余液体，直至与胶面相切。沿管壁将 5%丙酮溶液 0.6 mL 小心加到凝胶床面上，应避免将床面凝胶冲起。打开下口夹子，使样品溶液流入柱内，同时收集流出液，当样品溶液流至与胶面相切时，夹紧下口夹子，按加样操作，用 1 mL 洗脱液冲洗管壁 2 次，加入 3~4 mL 洗脱液于凝胶上，旋紧上口螺丝帽，将层析柱进水口连通恒流泵，柱出水口与核酸蛋白质检测仪比色池进液口相连，比色池出液口再与自动部分收集器相连，用两根导线将检测仪与记录仪连接起来，设置好基线的位置洗脱时，打开上、下进出口夹子，用 0.02 mol/L pH 8.0 的 PBS，以 0.5～1 mL/min 流速洗脱，记录（记录仪纸速设为 12 cm/h，电压 200 mV；核酸蛋白监测仪检测波长 254 nm，灵敏度为 0.1 A），计算单位高度的柱效，柱效计算公式：

$$N=5.54[\theta r/(W_{1/2})]^2$$

式中，θr 为平均洗脱时间，$W_{1/2}$ 为半峰宽，均为无因次特性值，测量时精确到 1 mm。

[SephadexG-100 每米理论塔板数为 3 000～6 000]

五、注意事项

（1）各接头不能漏气，连接用的小乳胶管不要有破损，否则造成漏气、漏液。

（2）装柱要均匀，既不过松，也不过紧，最好在要求的操作压下装柱，流速不宜过快，避免因此压紧凝胶。

（3）始终保持柱内液面高于凝胶表面，否则水分蒸发，凝胶变干。也要防止液体流干，使凝胶混入大量气泡，影响液体在柱内的流动。

（4）所用凝胶比较昂贵，需小心操作，实验后回收，尽量避免浪费和损失。

六、演示

（一）核酸蛋白检测仪及记录仪操作方法

（1）在仪器使用前，首先检查检测器、电源和记录仪 3 部分电路连接是否正确，插上电源插头。

（2）接通记录仪电源开关，使电源开关拨到"通"指示灯亮。可根据需要调换不同的走纸速度。记录仪量程调在 10 mV 档上。

（3）将检测仪波长旋钮旋到所需波长刻度上，把量程旋钮拨到 100% T 档。

（4）按下检测仪电源箱面板上的电源开关，此时记录仪指针从零点开始向右移动某一刻度，调节"光量"旋钮使指针停留在记录仪大约中间位置 5 mV，数字显示为 50 左右。仪器开机稳定时间大约在 1 h，待基线平直后，可加样测试。

（5）把检测器进样口塑料胶管接到部分收集器上，使层析柱中的洗脱液通过。透光率为"0"厂家已调好，光密度 A 要调零，量程开关拨到 100%T 档，调节光量旋钮，使记录仪指针在 10 mV 数字显示为 100，即透光率为 100%。把量程开关拨到"A"档，缓慢调节 A 调零旋钮，使检测仪数字显示为"0"，同时调节记录仪零位旋钮使记录仪指示在"0"位。

（6）上述 5 个步骤结束后，就可以在层析柱上加样。当样品经层析柱分离，通过检测后，就能通过记录仪给出所需样品吸收的图谱。

（7）测试完毕，必须切断电源，并用蒸馏水清洗样品池和尼龙管。

记录仪光吸收 A 读数

当采用 10 mV 量程记录仪时，记录仪的满量程读数对应于 A 量程开关所对应的 A 读数范围。如 A 量程开关选定在 0~0.5 A 档时，则记录仪满量程光吸收 A 读数为 0.5，当记录笔指示在记录纸一半（50%刻度）位置时即为 0.25 A。

数字显示光吸收 A 读数（可变量程读数模式）

当 A 量程开关选定在 0~1.0 A 档时，此时数显板上显示和读数即为光吸收 A 的实际读数，如显示为 080 即表示为 0.80 A。

当 A 量程开关切换在其他量程位置时，则数显光吸收 A 读数为：

A 量程选定在 0~2.0 档时，数显读数 ×2=实际光吸收读数 A

A 量程选定在 0~1.0 档时，数显读数 ×1=实际光吸收读数 A

（二）部分收集器的操作方法

（1）将"手/自"框内的键置于自动状态，按"定"和"停"；使定时时间为零，放开"停"，按"快"或"慢"（"定"仍按着）至所需的定时时间，放开"慢"和"定"，再按一下"停"设定定时时间，工作就完毕。若要查看设置时间，则只需按一下"定"键，就能显示上一次所设时间，若要以秒显示走时时刻，则需按下"秒"键。

（2）定位，将"顺/逆"键置于"顺"或"逆"状态，按"手动"键，使试管架转至终点，这时报警器工作，报警指示灯亮，然后将"顺/逆"键置于"逆"或"顺"

状态，本仪器就会自动对准第一个试管（在"顺"状态，第一根试管为最外的那根。在"逆"状态，第一根试管为最内的那根）。

七、数据处理

（1）如实完整地记录实验流程、现象及结果，计算理论塔板数并对其进行深入分析和讨论。

（2）结合理论塔板模型，分析柱效的影响因素以及如何提高柱效。

实验六　鱼油的微胶囊化实验

一、实验目的

1. 进一步理解微胶囊化原理，掌握微胶囊的操作和工艺条件的选择。
2. 掌握微胶囊产品的表征。

二、实验基本原理

微胶囊技术是指利用成膜材料将固体、液体或气体囊于其中，形成直径几十微米至上千微米的微小容器的技术。目前可制备 $1 \sim 1\,000\ \mu m$ 的纳米微胶囊。微胶囊内部装载物料芯材或囊心物质，外部包囊的壁膜称为壁材或包囊材料。利用微胶囊技术可以生产多种高新产品，其产品有良好的功能性质和贮存稳定性，使用方便，可解决传统工艺所不能解决的众多问题。

三、实验仪器、材料及试剂

1. 仪器

高速搅拌器 DS-1 型；锐孔法微胶囊造粒器。

2. 材料及试剂

纯化鱼油；抗氧化剂 TBHQ 固体状粉末，食用级；海藻酸钠，市售食用级；无水氯化钙，市售食用级。

四、操作步骤

1. 操作步骤

```
        抗氧化剂 → 鱼油 ┐     ┌ 乳化剂
海藻酸钠 → 溶解 → 过滤 → 静置 → 高速搅拌 → 杀菌 → 固化成膜 → 浸泡硬化 → 漂洗 → 沥水 → 风干备用
```

2. 实验步骤说明

（1）海藻酸钠溶液制备：在搅拌器内先加入 50～60℃ 的蒸馏水，边搅拌边加入海藻酸钠，使其充分溶解。过滤后静置 30 min，使水完全渗透到海藻酸钠颗粒内部，达到完全溶解。制成 1.2%～1.6% 不同浓度溶液备用。

（2）乳化液的配制：先将抗氧化剂 TBHQ 按 200 mg/L 添加到鱼油中，并搅拌均匀。接着再按溶重 5% 的比例，把鱼油添加到海藻酸钠溶液中，同时加入乳化剂。放在高速搅拌器内，以 10 000 r/min 的高速进行强搅拌，直至形成均匀的乳化液。

（3）固化成膜：制备浓度为 1.5% 的氯化钙溶液，作为固化液。把乳化液加入锐孔造粒器内，调节阀门，控制液滴流速。当乳化液通过锐孔末端穿过空气落下时呈球形液滴，在液滴滴入氯化钙固化液时，立即形成直径约为 2 mm 的弹性圆球。这是由于环绕着液滴周围形成了非水溶性海藻酸钙，即藻酸钠聚合物的固化导致微胶囊壁膜的形成。鱼油被隔离并包埋在微胶囊内。

（4）颗粒的硬化：制备浓度为 3.5% 的氯化钙溶液，作颗粒的硬化液。固化完成后，把球形颗粒移放在浓度为 3.5% 氯化钙溶液中浸泡。使藻酸钠与氯化钙的反应充分进行。最后使整个球形颗粒形成不溶性钙盐。在这个硬化过程中，韧性与硬度均得到提高，口感变好。

（5）漂洗、风干：硬化处理后，用清水漂去氯化钙残液，沥干水后进行风干，直到球状颗粒表面形成硬膜。

五、实验数据处理

鱼油微胶囊化的包埋效果，可用包埋率指标来衡量。用浓度 1.2%～1.6% 的海藻酸钠溶液制成对应的 1～5 组鱼油微胶囊试样，按 GB 5009.6—85 的索氏抽提法测定包埋率，测定的结果填入下表。

胶囊试样的包埋率

试样组别	1	2	3	4	5
包埋率/%					